服务"三农"花卉产业丛书

曾永三 刘光华 向梅梅◎主编

程东美 张云霞 游春平◎副主编

花卉病虫防治小医生

我的花卉手册

SPM 南方出版传媒

广东科技出版社 | 全国优秀出版社

·广 州·

图书在版编目（CIP）数据

花卉病虫防治小医生 / 曾永三，刘光华，向梅梅主编. —广州：广东科技出版社，2015.3
（服务"三农"花卉产业丛书. 我的花卉手册）
ISBN 978-7-5359-5985-0

Ⅰ. ①花… Ⅱ. ①曾…②刘…③向… Ⅲ. ①花卉—病虫害防治 Ⅳ. ①S436.8

中国版本图书馆 CIP 数据核字（2014）第 237186 号

我的花卉手册——花卉病虫防治小医生
Wo de Huahui Shouce ——Huahui Bingchong Fangzhi Xiaoyisheng

丛书策划：冯常虎
责任编辑：林　旸　罗孝政
封面设计：柳国雄
责任校对：盘婉薇
责任印制：罗华之
出版发行：广东科技出版社
　　　　　（广州市环市东路水荫路 11 号　邮政编码：510075）
http：//www.gdstp.com.cn
E-mail：gdkjyxb@gdstp.com.cn（营销中心）
E-mail：gdkjzbb@gdstp.com.cn（总编办）
经　　销：广东新华发行集团股份有限公司
印　　刷：广州市至元印刷有限公司
　　　　　（广州市番禺区南村镇金科生态园 4 号楼　邮政编码：511442）
规　　格：889mm×1 194mm　1/32　印张 4.5　字数 120 千
版　　次：2015 年 3 月第 1 版
　　　　　2015 年 3 月第 1 次印刷
定　　价：28.00 元

如发现因印装质量问题影响阅读，请与承印厂联系调换。

前言
PREFACE

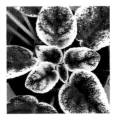

　　近年来，我国花卉种植规模越来越大，产业化水平越来越高，出现了多方位、多层次、多行业发展花卉的新局面。花卉产业已成为重要的农业支柱产业。然而，日趋严重的病虫害问题，也逐渐成为限制花卉产业发展和花农收入的一个主要因素。因此，花卉种植者及从事相关行业人员需要了解和掌握有关花卉病虫害及其防治的基础知识与技能。

　　本书是按照广东省现代农业产业体系花卉创新团队建设的要求，结合广东花卉生产实际组织编写的。书中内容重点突出，力求反映近年来花卉病虫害防控的新理论、新成果和新技术，具有针对性和实用性。

　　本书共分四部分，依次为花卉产业及病虫为害与防治现状、花卉病害防治基础、花卉虫害防治基础和花卉病虫防治技术及农药使用基础。第一部分介绍花卉产业的经济重要性、病虫害对花卉产业的影响、花卉病虫害的防治现状。第二部分介绍花卉病害的原因、发生与流行、症状与诊断。第三部分介绍昆虫的识别

特征与为害、生物学特性以及常见花卉害虫和益虫的类群。第四部分介绍花卉病虫害防治原理与方法、农药的基础知识和科学使用。参加编写的人员及分工如下：曾永三编写花卉产业及病虫为害与防治现状、线虫及其特征、生理性病害的原因。张云霞、施祖荣编写花卉病害症状、真菌及其特征、寄生植物及其特征。游春平编写细菌及其特征。饶雪琴编写病毒及其特征、花卉病害诊断。黄江华编写花卉病害的发生与流行特点。刘光华编写昆虫的识别特征、为害和生物学特性。韩群鑫编写常见花卉害虫和益虫类群。曾永三、孙辉、刘光华、马凯生编写花卉病虫害防治原理与方法。程东美编写农药的基础知识和科学使用。向梅梅教授全程指导并审阅全书。

在编写过程中，华南农业大学陆永跃教授、岑伊静副教授提供了部分照片，在此表示衷心的感谢。

本书图文并茂，内容深入浅出、通俗易懂，可供广大花卉种植者和管理者参考使用。由于编者水平有限，编写时间短促，若有错误和不当之处，敬请广大读者批评指正。

编著者

2014 年 5 月

目录
CONTENTS

花卉产业及病虫为害与防治现状

花卉产业的经济重要性 / 2
病虫害对花卉产业的影响 / 4
花卉病虫害防治现状 / 7

花卉病害防治基础

花卉病害的原因 / 12
　传染性病害的原因 / 12
　生理性病害的原因 / 33
花卉病害的发生与流行 / 36
　花卉病害的发生 / 37
　花卉病害的流行 / 39
花卉病害的症状与诊断 / 41
　花卉病害的症状 / 41
　花卉病害的识别与诊断 / 45

花卉虫害防治基础

昆虫的识别特征与为害 / 50
　昆虫的识别特征 / 50
　昆虫对花卉的为害 / 52
昆虫的生物学特性 / 56
　昆虫的一生 / 56
　昆虫的习性和行为 / 61
常见花卉害虫和益虫的类群 / 66

常见害虫类群 / 66

常见益虫类群 / 75

螨类及软体动物 / 78

螨类及其为害 / 78

软体动物及其为害 / 80

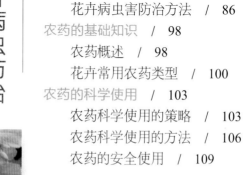

花卉病虫防治技术及农药使用基础

花卉病虫害防治原理与方法 / 84

花卉病虫害防治原理 / 84

花卉病虫害防治方法 / 86

农药的基础知识 / 98

农药概述 / 98

花卉常用农药类型 / 100

农药的科学使用 / 103

农药科学使用的策略 / 103

农药科学使用的方法 / 106

农药的安全使用 / 109

参考文献 / 112

附录 / 114

附录1 常用杀虫杀螨剂品种 / 114

附录2 花卉常用杀菌剂种类和特点 / 123

附录3 其他农药种类和特点 / 128

附录4 接触、使用农药人员皮肤防护用品（国家标准 GB 12475—90） / 129

附录5 波尔多液和石硫合剂特点及配制 / 130

附录6 农药浓度的表示法与用药量的计算 / 132

花卉产业及病虫为害与防治现状

花卉产业的经济重要性

　　花卉产业是世界公认的最具有发展潜力的产业之一，被称为"黄金产业"，全球年贸易总额已超过 3 000 亿美元，很多国家都把它作为出口创汇的重点产业。我国花卉业起步于 20 世纪 80 年代，改革开放后，得到迅猛发展，2002 年花卉栽培面积已占世界花卉栽培总面积的 40%，目前已成为世界上最大的花卉生产基地，在世界花卉生产贸易格局中占有重要地位。"十二五"规划以来，我国花卉种植面积持续扩大，花卉产值稳步增长，出口能力不断增强，规模化、专业化水平有了很大的提高，出现了多方位、多层次、多种行业发展花卉的新局面。2011 年，我国花卉种植面积、销售额和出口额均有不同程度上升，花卉产销继续保持增长势头。全年花卉生产总面积 102.4 万公顷，比 2010 年的 91.76 万公顷增加 11.6%；销售总额 1 068.54 亿元，比 2010 年的 861.96 亿元增加 23.97%。

　　花卉业也是广东农业的优势产业和支柱产业之一，占全省农业总产值的 3%，近 10 年来发展相当迅速，花卉企业数量不断扩大，种植面积和消费市场快速增长。目前已有花卉企业 12 825 个，占全国花卉企业数的 23.5%，其中大中型花卉企业 2 029 个。其中包括一批拥有较大生产规模、专业化程度高、技术含量高、产品质量较好的生产型龙头企业，如高新园艺公司（主产观赏凤梨）、远东国兰有限公司（主产国兰）、先锋园艺公司（主产一品红）、广州花卉研究中心（主产红掌）、广东省农业科学院花卉研究所（主产洋兰）等；销售平台型龙头企业，如广东陈村花卉世界、广州花卉博览园、南方花卉市场等。此外，广东省还拥有中国科学院华南植物园、广东省农业科学院花卉研究所、广州市花卉研究中心、华南农业大学园艺学院、仲恺农业工程学院、广州市园林科学研究所、汕头市农业科学研究所、东莞市粮作花卉研究所、珠海市花卉科学技术推广站等20余所主要从事花卉研发的高校和科研单位。据广东省农业厅统计，2011年全省花卉苗木种植总面积达到6.68万公顷，同比增幅达15.56%；特别是观赏苗木、食用与药用花卉、种子用花卉、种球用花卉分别增长了24.85%、142.6%、213.34%、169.41%。销售总额超过140.2亿元，增长29.4亿元，增幅达26.55%。全年全省花卉苗木出口总额共计7 765.85万美元，与2010年相比，同比增长22.6%。2011年广东新增花卉市场163个，从2010年的196个增加到359个，为全国之最。

广东花卉产业区域格局基本形成，产业结构趋于合理。目前已形成了四大花卉区域，包括珠江三角洲（以下简称"珠三角"）地区、粤西地区、粤东地区和粤北地区，各区域在发展上各有侧重。依据《广东省花卉产业"十二五"发展规划》，东西两翼和北部山区将承接珠三角花卉业的转移，成为重要的花卉生产基地，如以湛江、阳江、茂名为主的粤西地区将承接珠三角地区观叶植物生产的转移，发展成为观叶植物、棕榈科植物的示范和生产中心；以汕头、潮州、梅州为主的粤东地区将结合海峡西岸经济区的优势，重点发展国兰、盆景等；以韶关、清远、河源为主的粤北山区将成为珠三角地区的后花园，发展山地反季节花卉的生产。

在产业结构方面，广东花卉也得以进一步调整，逐渐趋于合理。其中大类排名前5位的依次仍然为观赏苗木、盆栽植物、鲜切花、草坪和种苗用花卉，但种植面积和销售额所占全省花卉的比例有较大的变化。鲜切花（含切叶、切枝）总体的种植面积由占全省花卉种植面积的17.9%下降到14.5%；具热带亚热带特色的盆栽植物的种植面积和销售额有成倍的增长；观赏苗木作为广东第一大花卉种类的地位也进一步巩固，种植面积和销售额都略有上升。

从种植规模及出口额来看，广东的盆栽植物、花坛植物及鲜切花类产品生产等都具有明显的优势。2010年，全省盆栽植物和花坛植物的种植面积全国最大。其中，盆栽植物种植面积高达1.12万公顷，比位列第二的江苏几乎高出1倍。鲜切花类产品生产面积位列全国第三，鲜切叶种植面积排第二位（288.2万美元），鲜切枝列第一位（958万美元，占总出口额的69.6%）。盆栽植物出口额4 282.1万美元，比上一年度增长17.8%，其中盆栽为2 713.8万美元，盆景为576.3万美元，花坛植物为992万美元，花坛植物出口量居全国榜首。根据广州海关的统计，广东花卉出口地遍及世界五大洲，共有58个国家和地区；出口的花卉种类繁多，以富贵竹、年橘、岭南盆景和国兰为主。富贵竹是广东省最大宗的出口花卉，年出口额超过1 000万美元，依次为年橘、岭南盆景和国兰。目前广东已成为我国最重要的花卉产区和交易集散地，在全国具有举足轻重的地位。

可见，花卉产业无论对我国还是广东农业产业的发展都发挥着十分重要的作用。

病虫害对花卉产业的影响

花卉在生长发育和运输过程中，往往会受到各种自然灾害的袭击，病虫害是极为普遍的自然灾害之一。在我国记载的花卉病害种类计有2 589种，其花卉寄主达658种；害虫种类计有1 845种，其花卉寄主达312种。其中发生普遍且严重的病虫害近400种。据笔者初步调查，目前广东花卉上有重要真菌病害近50种，重要细菌病害约10种。通常情况下，病虫害常导致花卉生长不良，叶、花、果、茎、根部出现坏死斑，或发生畸形、凋萎、腐烂以及形态残缺不全、落叶和根腐等现象，降低了花卉的质量，使其失去观赏价值及绿化效果，甚至引起整株死亡，从而造成重大的经济损失。在国内外，由于病虫的为害而给花卉产业造成严重影响的事例非常多。

红掌细菌性叶斑病是一种为害性极大的病害，它成为红掌的一个致命杀手。该病可为害红掌叶片、花苞和肉穗花序，在空气湿度大或连续降雨时，病斑迅速扩展，受害叶片变黄枯萎，并可造成整株发病而致死。从植株感病至死亡约30天，而且，该病传播迅速，如果病株处理不及时，其周围的健康植株将逐渐被感染，发病率可达100%，死亡率可达80%以上。在美国夏威夷，该病开始出现于20世纪70年代初，80年代相继在一些红掌产区传播，至90年代，此病差点毁了整个夏威夷地区的红掌产业。荷兰专门从事红掌育种、栽培的企业也因对该病的预防不力而惨遭重创。近年来，随着花卉产业的迅速发展，我国引进种植红掌切花和盆花的规模逐渐扩大，红掌细菌性叶斑病也随之悄悄进入我国。目前主要分布在广东、海南和云南等省，并已经对我国红掌生产造成严重的影响。

香蕉穿孔线虫是花卉上的一种毁灭性病原生物，其寄主范围相当广泛，可为害天南星科、棕榈科、凤梨科和竹芋科等观赏植物，造成根部腐烂，地上部分植株萎蔫，生长停滞和死亡。该线虫在意大利、美国、丹麦等地为害肖竹芋，在韩国、马来西亚等国为害红掌，目前是我国重要的检疫性植物线虫。我国进行农业植物有害生物疫情普查时，曾先后在广东、海南、福建、广西、云南等地的个别温室中发现该线虫，后经检疫控制已被铲除。近年来，我国不断从来自韩国、马来西亚、荷兰、印度尼西亚、菲律宾等国的红掌、肖竹芋、凤梨、红果等观赏植物上截获该线虫，这对我国花卉产业的生产安全和出口贸易构成了潜在威胁。

细菌性软腐病是蝴蝶兰和文心兰等兰花的头号杀手，在兰花整个生育期间都会发病。病菌侵入叶片或心叶后，最初产生水渍状斑点，之后迅速扩展至全部叶片，像被热水烫熟似的，用手轻压即破裂，后期产生恶臭，病叶转黄而脱落，严重时，全株软化腐烂死亡。在华南蝴蝶兰栽培地区，一年四季均可发病，连栋阴棚栽培，一般季节日病株率为 0.01% ~ 0.1%，流行季节日病株率可达 0.3% ~ 0.8%。此病很快形成毁灭性为害，严重影响了花农的经济收益，阻碍了蝴蝶兰的生产。

兰花病毒病也是花卉生产上发生普遍而严重的病害。患有病毒病的兰花植株将是终身患病，即使是新发生的幼叶、幼芽也都带有病毒，给兰花生产带来巨大损失。引起兰花病毒病的主要病原有齿舌兰环斑病毒和建兰花叶病毒。感染齿舌兰环斑病毒的病株叶片的症状表现为白色丝条纹、褪绿、黄黑斑等；感染建兰花叶病毒的植株的叶片症状表现为褪绿条斑、密集小黑斑、凹陷灰白条斑等。卡特兰感病后叶片出现褐色至黑紫色的局部坏死，有时花上产生褐斑。蝴蝶兰感病后新叶出现圆形或条形的黄斑，随着叶片生长，黄色变为黑褐色，花瓣有时出现皱褶，大部分在叶片上形成坏死斑或呈花叶状。由于叶绿素受到破坏，光合作用受阻，导致植株生长缓慢，花朵变小或畸形，商品价值大大降低。

害虫和害螨的为害对花卉产业同样带来极大的影响。近年来，温室和大棚花卉发展迅速，害虫的为害不断加重，造成的损失越来越大。例如，在冬春密闭的温室环境下，白粉虱常会严重发生。其寄主范围广，能为害 37 科 73 种观赏植物如一品红、月季、倒挂金钟、一串红等，已成为目前温室花卉生产中极为重要的害虫。在为害时，其成虫和若虫群集叶背面吸食花木叶片汁液，受害叶片褪绿变黄、萎蔫，严重时全株枯死；除直接为害外，粉虱成虫、若虫的排泄物，污染叶片和果实，诱发煤污病，影响花木的呼吸作用和光合作用，以致削弱长势，降低观赏价值。

介壳虫是木本花卉的常见害虫，尤其是在我国南方温带与亚热带地区，不仅种类繁多，而且为害严重，已成为生产上突出的问题。花卉受其为害，轻者造成叶片产生褪绿斑点，虫斑明显，丧失观赏价值；重者叶片、枝条干枯。粉蚧还可分泌大量蜜露，诱致花卉煤烟病的发生，从而加重为害。

椰心叶甲是近年来我国棕榈科植物的一种毁灭性害虫，以成虫和幼虫为害未展开和初展的芯叶，造成叶片坏死，后期顶冠常出现褐色和枯萎症状，严重时造成植株死亡。对我国的椰子产业、观赏植物造成巨大损失。

叶螨即红蜘蛛，是花卉的主要害螨，其寄主广泛，可为害近百种草本花卉、木本花卉及园林树木、果木，包括茉莉、月季、桂花、一串红、菊花、凤仙花、石竹、蔷薇和万寿菊等，以成螨、若螨口针刺破表皮细胞吸汁为害，使叶片叶绿素含量降低，光合作用减弱，蒸腾作用增大，被害叶片变黄变红甚至变焦，严重时致叶片卷曲、凋落，影响花卉的生长和开花，给花卉生产带来严重损失。

因此，了解花卉病虫害及其防治基础知识，掌握花卉重要病虫害的发生特点及关键防治技术，不仅可以减少病虫害给花卉企业及花农造成的经济损失，而且可以保证花卉的观赏价值和经济价值。

 花卉病虫害防治现状

我国花卉产业发展迅速，成就喜人。但随着花卉种植结构的调整、规模的不断扩大，我国与世界各国的经贸往来日益频繁，花卉病虫害问题也日益突出。虽然目前在花卉病虫害防治上已取得了一些成效，但是由于病虫种群结构在变化、新的病虫害不断出现、人们的病虫害知识相对缺乏、防治上思想观念老化、相关科研力度严重不够等原因，目前花卉病虫害的防治与现代花卉产业发展还很不相适应。其体现在以下几个方面：

1. 防治观念陈旧，常处于被动防治

我国花卉病虫害防治普遍存在的突出问题之一是重治不重防。事实上，预防是控制病虫害发生最重要的措施之一。在生产实践中，不少花卉病虫，尤其是新建花场花卉病虫害的发生是由于在花圃苗期带有病虫所致。只有选用健康的种苗，才可杜绝或减少病虫害的发生与为害。而在现实中，大多数花卉种植者往往在病虫害发生之后，才开始意识到要防治，从而陷于被动状态。因此，在花卉生产过程中，如何在生产的每个环节（如引进种苗、选种、选地、育苗、移栽、管理、采收、贮放、运输和销售等）注意保障花卉的健康生长，减少病虫来源，协调各生物间关系，提高花卉抗性，即如何真正做到"预防为主，综合治理"，才是实施花卉病虫害由被动防治转为主动防治的根本途径。

2. 病虫害综合治理技术体系及其应用研究少

植物病虫害的防治应该是主动防治，并且需要树立综合治理的理念。同时也要加强花卉病虫害综合治理技术体系及其应用研究。但遗憾的是，许多重要花卉病虫害的防治尚缺乏有效的综合治理技术体系。这主要是由于以往花卉病虫害防治研究经费的投入和科研力度远远不够所致。目前全国范围内从事花卉病虫害防治研究的人员不多，投入的研究经费也少，致使花卉病虫害单一防治方法或措施的研究相对较多，而病虫害综合治理技术体系及其应用研究相对滞后及偏少，真正能在生产上应用的更少。在防治方法研究中，仍然以化学防治居多，而生物防治及其他无公害防治技术方法研究少。

3. 花卉病虫害防治标准作业规程的研究与应用缺乏

规范花卉病虫害防治工作，可以确保花卉在生产和流通过程中不易受到病虫为害，从而达到预期质量要求。目前已有适于管理园林绿化病虫害防治工作的园林植物病虫害防治标准作业规程，但还没有专门针对花卉病虫害防治工作的花卉病虫害防治标准作业规程。

4. 防治手段单一，防效不理想

目前在花卉病虫害防治实践中，很大程度上仍然依赖于化学农药，因其使用方法简单，见效快，效果好，特别是当病虫害大发生时，化学防治往往成为唯一有效的措施。但是化学防治也存在许多弊端，例如，单一的化学防治缺乏生态环境的总体观念，忽略了综合治理，尤其是生物防治和其他无公害防治技术，影响了整体防治水平的提高，破坏了生态环境，削弱了天敌等自然控制作用，常导致病虫的再度猖獗。长期使用单一品种的农药，会使某些害虫、病原菌产生不同程度的抗性，造成用药浓度越来越大，安全性越来越小，防治工作越来越困难。另外，陈旧的施药方式和农药的过量使用还会污染环境。

在使用化学农药防治花卉病虫害的过程中，花农由于欠缺农药和病虫害方面的相关专业知识，不能准确鉴定花卉病虫，以致不能对症下药，常使用一些广谱性杀虫剂和杀菌剂，但对于某些专化性强的病虫害，防治效果较差。例如，花卉上普遍发生的叶斑病的病原多种多样，有些是真菌，有些是病毒，还有些是细菌，但在防治上，多数花场的花农不能分辨病原种类，基本都采用代森锰锌、多菌灵、百菌清等广谱性杀真菌剂，导致病害不能得到有效控制。再者，目前市场上的化学农药商品名繁多，尤其是混配农药，品种多，名称乱，导致使用中存在同一种农药重复使用次数增加、病虫抗性增加的现象。例如，在烟粉虱的防治中，使用吡虫啉可获得较好的防治效果，但吡虫啉的单剂和混剂同时使用或临时混用的现象经常发生，导致吡虫啉的防治效果下降。

因此，在花卉病虫害的防治中，不仅要树立正确的病虫害防治理念，而且要不断加强防治技术体系及其应用研究，逐步形成花卉病虫害防治标准作业规程，做到"预防为主，综合治理"，以减少病虫害的为害，保障花卉产业的健康和可持续发展。

花卉病害
防治基础

花卉病害的原因

　　花卉在生长发育和运输过程中因为受到不良环境因素的影响，或受到其他生物的侵害，在生理机能、组织结构、外观形态上出现不正常状态，观赏价值降低，并导致经济损失的现象称为花卉病害。

　　花卉病害的发生是一个连续性的过程。这点可区分由害虫为害、人为伤害和自然因素如冰雹等对花卉的损伤。此外，有些花卉因为受到生物或非生物因素的影响，尽管发生了某些病态，但却增加了它们的经济价值和观赏价值，例如郁金香的杂色是由于受到病毒的侵染所造成的一种病态，但其生长并没有因为病毒的侵染而受到大的影响，反而提高了其经济价值和观赏价值。类似这种现象，我们习惯上不称它为病害。

　　引起花卉生病的原因称为病原，包括生物性和非生物性病原。生物性病原又称为病原物，包括真菌、细菌、病毒、线虫、寄生植物等；非生物性病原涉及不良环境条件，包括营养失衡、温度不适宜、水分失调和有毒物质的毒害等。由病原物引起的病害称为传染性病害。根据病原物的不同，传染性病害又可分为真菌病害、细菌病害、病毒病害和线虫病害等。由非生物性病原引起的病害称为非传染性病害，也叫生理性病害。

传染性病害的原因

1. 真菌

　　真菌在生长过程中形态多样，一般包括以菌丝体为主的营养体和以孢子为主的繁殖体。营养体呈丝状，如同植物的根一样，主要用来吸收水分和养料，维持真菌的生长。繁殖体包括各种各样的孢子，分为有性孢子和无性孢子两类，这些孢子和植物的种子一样，是传宗接代的器官。

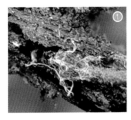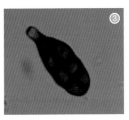

真菌的菌丝体和孢子
（❶ 菌丝体；❷❸ 孢子）

真菌主要包括鞭毛菌、接合菌、子囊菌、担子菌和半知菌。与花卉生产密切相关的真菌主要分布在鞭毛菌、子囊菌、担子菌和半知菌中。

（1）鞭毛菌

鞭毛菌属于低等真菌，多数水生、腐生或寄生，在潮湿、积水或通风透光条件差的情况下，容易引起严重的花卉病害。鞭毛菌中与花卉病害有关的主要是卵菌中的腐霉菌和疫霉菌。

腐霉菌：主要为害花卉的根部或茎基部，引起根腐病和幼苗猝倒病等。一般花卉苗期根或茎基部受害后，根部腐烂或茎基部缢缩，植株地上部易倒伏。受害部位在潮湿时会出现白色霉层。

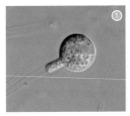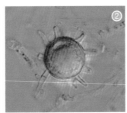

腐霉菌及其所致蓝花楹猝倒病症状
（❶ 病菌孢子囊；❷ 藏卵器；❸ 猝倒幼苗上长出白色霉层）

　　疫霉菌：可以为害植株的地上部分和地下部分，引起花卉疫病，其症状包括叶斑、猝倒、茎基腐、枝枯、心腐，受害部位呈水渍状，病斑扩展快，发病组织迅速死亡，湿度大时有白色棉絮状霉层。

疫霉菌及其所致花卉疫病症状
（❶ 病菌孢子囊；❷ 一品红疫病萎蔫症状，左边为病株，右边为健株；
❸ 一品红病株上产生白色霉层；❹ 百合疫病症状）

（2）子囊菌

　　子囊菌中与花卉病害有关的种类主要有白粉菌、小煤炱菌、煤炱菌和核盘菌等。白粉菌在南方常以无性态的形式出现，本书将其放在半知菌中介绍。

　　小煤炱菌和煤炱菌：主要附生在花卉的叶片上形成煤污状物，引起花卉煤烟病。叶片上蜜露多，湿度大时易发病。

小煤炱菌和煤炱菌所致煤烟病症状
（❶ 蝴蝶兰煤烟病症状；❷ 蝴蝶兰煤烟病症状；❸ 阴香煤烟病症状；
❹ 绿宝石煤烟病症状）

核盘菌：引起许多植物的菌核病，可为害植物的根、茎、叶，发病部位呈现水渍状斑块，病害扩展快。湿度大时，病部产生白色棉絮状物，发病后期出现黑色颗粒状菌核。

核盘菌及其所致花卉菌核病症状
（❶ 病菌菌核；❷ 非洲菊菌核病症状；
❸❹ 一串红菌核病症状）

（3）担子菌

担子菌中为害花卉的种类主要是锈菌，主要为害花卉的叶片和茎秆，引起锈病。病部初期呈黄色小点，后期隆起破裂，散出黄色、锈色或白色至褐色的粉堆。常见病害有美人蕉锈病、鸡蛋花锈病和菊花锈病等。

柄锈菌及其所致锈病症状
（❶ 美人蕉锈病菌夏孢子；❷ 美人蕉病叶正面症状；❸ 美人蕉病叶背面锈菌夏孢子堆；❹ 鸡蛋花病叶背面锈菌夏孢子堆；❺ 菊花锈病菌冬孢子；❻ 菊花病叶背面锈菌孢子堆）

（4）半知菌

引起花卉病害的病原真菌绝大多数是半知菌，主要类群有丝核菌、小核菌、灰霉菌、白粉菌、链格孢菌、镰刀菌、炭疽菌、拟盘多毛孢菌、放线孢菌、叶点霉、拟茎点霉、色二孢等。

丝核菌：主要为害植株的近地面部位，造成根腐和茎基腐，常侵染花卉幼苗引起猝倒或立枯。

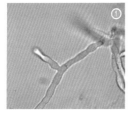

丝核菌及其所致白掌幼苗猝倒症状
（❶ 病菌菌丝；❷ 幼苗猝倒；❸ 病株茎基部缢缩变褐）

小核菌：主要为害花卉的茎基和根部，引起白绢病。识别特征是在病部有放射状的菌丝和油菜籽状的菌核。

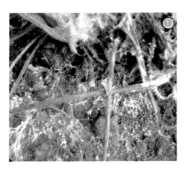

小核菌及其所致非洲菊白绢病症状
（❶ 病菌菌索及菌核；❷ 病株症状）

粉孢菌：白粉菌的无性阶段，主要为害花卉的叶片，引起白粉病。典型特征是在受害部位产生白色粉状物。

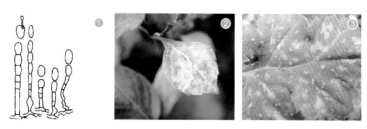

粉孢菌及其所致菊花白粉病症状
（❶ 病菌分生孢子梗和粉孢子；❷❸ 病叶症状）

葡萄孢菌：寄主广泛，引起灰霉病。可为害叶片、花和果实，导致叶枯、花腐和果腐。典型特征是在受害部位产生灰色霉层。花卉上常见病害有一品红灰霉病、非洲菊灰霉病和鸟尾花灰霉病等。

葡萄孢菌及其所致灰霉病症状
（❶ 病菌分生孢子梗和分生孢子；❷❸ 一品红灰霉病症状；❹ 鸟尾花灰霉
病症状；❺ 万寿菊灰霉病症状；❻ 月季灰霉病症状；❼ 铁海棠灰霉病症状。
病菌图引自《中国真菌志》）

链格孢菌：常引起各种花卉的叶斑病，受害部位有时可见黑色霉层。

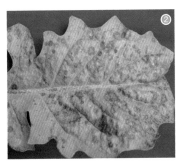

链格孢菌及其所致非洲菊叶斑病症状
（❶ 病菌分生孢子；❷ 病叶症状）

镰刀菌：该属种类分布极广，可引致多种花卉的根腐、茎枯或叶枯。受害植株表现为生长不良、萎蔫，最终枯萎。常见病害如墨兰枯萎病。

镰刀菌及其所致墨兰枯萎病症状
（❶ 病菌大型分生孢子；❷ 植株叶片变黄；
❸ 根变褐腐烂；❹ 后期病株枯死）

炭疽菌：寄主非常广泛，可侵染茎、叶、果等地上部位，引起多种植物的炭疽病。主要为害花卉叶片，引起叶斑，在病部常可以看到点状物；潮湿时，在病部可见砖红色黏滴或黏液。

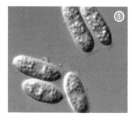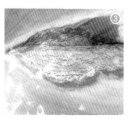

炭疽菌及其所致炭疽病症状
（❶ 病菌分生孢子；❷ 红掌炭疽病症状；❸ 曼绿绒炭疽病症状）

拟盘多毛孢菌：主要为害花卉叶片，引起叶斑。常见病害如散尾葵叶斑病和龙船花叶斑病。

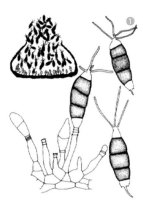

拟盘多毛孢菌及其所致龙船花叶斑病症状
（❶ 病菌分生孢子；❷ 病叶症状。病菌图引自《中国真菌志》）

放线孢菌：常侵染蔷薇科花卉，引起黑斑病，叶片病斑边缘呈放射状。常见病害有玫瑰黑斑病和月季黑斑病。

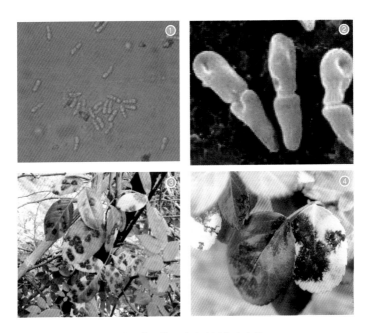

放线孢菌及其所致玫瑰黑斑病症状
（❶❷ 病菌孢子；❸❹ 病叶症状）

叶点霉、拟茎点霉：引起花卉叶斑病。主要症状特点是后期在病部产生点状物，如桂花叶斑病和墨兰叶斑病。

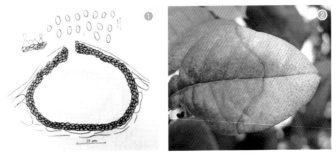

叶点霉及其所致桂花叶斑病症状
（❶ 病菌分生孢子器和分生孢子；❷ 病叶症状。
病菌图引自《中国真菌志》）

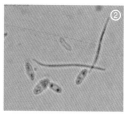

拟茎点霉及其所致墨兰叶斑病症状
（❶❷ 拟茎点霉甲、乙型孢子；❸ 病叶症状）

2. 细菌

引起花卉病害的细菌主要是杆状菌。杆状菌繁殖快，在适宜条件下20分钟繁殖1次，最适生长温度为26~30℃，主要通过分泌毒素、酶、多糖类物质和激素等破坏寄主组织细胞而引致病害，产生萎蔫、肿瘤、软腐、斑点等症状。高温高湿有利于发病，病部常呈水渍状，并形成脓状物。

引起花卉细菌病害的细菌种类有土壤杆菌、欧文氏菌、果胶杆菌、黄单胞菌、食酸菌、雷尔氏菌、伯克赫尔德氏菌和韧皮部杆菌。

（1）土壤杆菌

属于土壤习居菌，兼性寄生。在土中病残余组织中的细菌可长期存活，如根癌土壤杆菌等。根癌土壤杆菌寄主范围极广，可为害90多科300多种双子叶植物，尤以蔷薇科植物为主，可引起秋海棠根癌病、香石竹根癌病和月季根癌病等。

土壤杆菌所致月季根癌病症状

（2）欧文氏菌

属兼性寄生菌，常引起植物软腐病，常见花卉病害有春羽叶腐病。

欧文氏菌所致春羽叶腐病症状
（❶❷病叶症状）

（3）果胶杆菌

属兼性寄生菌，常引起植物软腐病，常见花卉病害有蝴蝶兰细菌性软腐病、君子兰细菌性软腐病和山海带心腐病等。

果胶杆菌所致蝴蝶兰细菌性软腐病症状
（❶❷病叶症状）

（4）食酸菌

可为害多种植物的枝、叶、花和果，在不同的寄主植物上引起叶斑或坏死和茎秆溃疡等症状，可引致丁香细菌性疫病、唐菖蒲细菌性疮痂病、菊花细菌性叶斑病、香石竹细菌性枯萎病、报春花细菌性叶斑病和蝴蝶兰褐斑病。

食酸菌所致蝴蝶兰褐斑病症状
（❶❷ 病叶症状）

（5）雷尔氏菌

属兼性寄生菌，可侵染 50 多个科的几百种植物，常引起植物青枯病，例如金光菊青枯病和万寿菊青枯病等。

菊花青枯病症状

（6）黄单胞菌

所有的黄单胞菌都是植物病原菌，常见花卉病害有紫罗兰细菌性腐烂病、罂粟细菌性斑点病、唐菖蒲细菌性叶、秋海棠细菌性叶斑病、一品红细菌性叶斑病和红掌细菌性疫病等。

黄单胞菌所致一品红细菌性叶斑病症状
（❶ 病叶正面；❷ 病叶背面）

（7）伯克赫尔德氏菌

常引起植物叶斑病或枯萎病，常见花卉病害有天堂鸟叶枯病。

伯克赫尔德氏菌所致天堂鸟叶枯病症状
（❶❷ 病叶症状）

（8）韧皮部杆菌

在韧皮部中寄生为害，以柑橘黄龙病菌为代表，至今尚未能在人工培养基上分离获得纯培养。此菌还可引起九里香黄梢病。

韧皮部杆菌所致九里香黄梢病症状

3. 病毒

植物病毒是一类肉眼看不见的简单而微小的生命体，只能在活的植物细胞内生长繁殖，能够侵染植物引起病毒病害。植物病毒必须借助电子显微镜才能看见。病毒粒体常见的形态有球形、杆状、线状。如黄瓜花叶病毒为球形，齿兰环斑病毒为杆状，建兰花叶病毒（又名兰花花叶病毒）为线状。

植物病毒侵染花卉后，表现的症状主要有花叶、环斑、坏死、变色、畸形等，通常会降低花卉的观赏价值，但少数花卉感染病毒后反而增加观赏价值，如郁金香感染郁金香碎色花叶病毒后身价倍增。

花卉病毒病症状
（❶ 非洲紫罗兰叶片变色；❷ 矮牵牛畸形；
❸ 白掌花叶；❹ 蝴蝶兰环斑；❺ 杂交兰坏死）

植物病毒的传播途径分为介体传播和非介体传播两大类。介体传播是指病毒依附在其他生物体上，借其他生物体的活动进行传播，传播病毒的介体主要是昆虫，有蚜虫、叶蝉、飞虱、粉虱、木虱、介壳虫和蓟马等。非介体传播是指没有其他生物体介入的植物病毒的传播方式，如无性繁殖材料传播、花粉与种子传播、嫁接传播、病汁液接触传播、病残体传播等。

为害花卉的病毒类群主要有烟草花叶病毒属、黄瓜花叶病毒属、马铃薯 X 病毒属、番茄斑萎病毒属、马铃薯 Y 病毒属等。

（1）烟草花叶病毒属

典型种为烟草花叶病毒，病毒粒体为杆状。此属中大多数病毒的寄主范围较广，属于世界性分布，自然传播不需要生物介体，靠植株间的接触（或种子）传播及农事操作传播。例如，为害兰花的齿兰环斑病毒，曾经被命名为烟草花叶病毒兰花株系；为害矮牵牛的烟草花叶病毒。

（2）黄瓜花叶病毒属

典型种为黄瓜花叶病毒，病毒粒体为球状。自然界中主要靠蚜虫传播。因为寄主十分广泛，加上蚜虫的种类多、数量大、传毒效率高，所以黄瓜花叶病毒是一种很难防治的病毒，如为害唐菖蒲的黄瓜花叶病毒、为害百合的黄瓜花叶病毒。

（3）马铃薯 X 病毒属

典型种为马铃薯 X 病毒，病毒粒体弯曲线状，可通过病汁液或污染的工具器皿传播，如为害卡特兰、建兰、石斛兰、万带兰和兜兰等的建兰花叶病毒。

（4）番茄斑萎病毒属

典型种为番茄斑萎病毒，病毒粒体球状，有包膜，田间主要靠蓟马传播，如为害蝴蝶兰的辣椒褪绿病毒、为害凤仙花的凤仙花坏死斑病毒。

（5）马铃薯 Y 病毒属

典型种为马铃薯 Y 病毒，病毒粒体弯曲线状，主要通过蚜虫传播，也可通过机械传播，如为害绿萝的芋花叶病毒、为害石斛兰的石斛兰花叶病毒、为害虞美人的李痘病毒。

病毒所致花卉病毒病症状

（❶ 齿兰环斑病毒引致兰花环斑；❷ 黄瓜花叶病毒引致唐菖蒲花叶；❸ 建
兰花叶病毒引致蝴蝶兰花叶；❹ 辣椒褪绿病毒引致蝴蝶兰环斑；❺ 芋花叶
病毒引致绿萝花叶）

4. 线虫

线虫，又称蠕虫，是一种低等的无脊椎动物，多数腐生于水和土壤中，少数寄生于人、动物和植物。由于植物受线虫侵染到表现反常状态与一般病害一样，也有一个连续性过程，且受害后所表现的症状与一般病害，尤其是生理性病害的症状相似，因此常称植物线虫病。线虫可侵害花卉引起病害，如生产上重要的红掌穿孔线虫病和菊花叶线虫病等。此外，线虫还能传播真菌、细菌和病毒，促进它们对植物的为害。

植物线虫一般呈线形，雌雄同形，少数异形，即雄虫线形，雌虫为梨形或柠檬形等。植物线虫口腔内有口针，用于穿刺植物并从中吸取汁液。

线虫的一生需经卵、幼虫和成虫3个时期。幼虫一般有4个龄期。二龄幼虫对

线虫的显微形态
（❶口针；❷梨形的雌虫；❸线形的雌虫）

不良环境具有较强的抗性，因而常是越冬和侵入寄主的虫态。在适宜的条件下，线虫一般3~4周繁殖一代，一个生长季节可以发生多代。但有的线虫一代短则几天，长则1年。

最适宜线虫发育和孵化的温度为20~30℃，温度过低（低于12℃）时，线虫活动缓慢或几乎不活动；温度过高（40℃以上）时，线虫不活跃甚至死亡。土壤是植物线虫生活的大本营，所以土壤的环境条件对线虫的生长发育有很大的影响。土壤潮湿有利于线虫活动，但土壤长期积水而处于厌氧状态，不利于线虫存活。土壤的温度、湿度高，线虫的活动期就较长，体内的养分消耗快，存活的时间较短，反之，生活时间长。许多线虫可以在休眠状态下于植物体外长期存活。多种线虫病在沙壤土中比在黏重土壤中发生严重，这是因为沙壤土通气良好，有利于线虫的生存和活动。

线虫自身蠕动的距离非常有限，主要靠种子、苗木作远距离传播，土壤灌溉水也可以传播线虫，病株残体中的线虫也可借风、机具等作一定距离的传播。

植物线虫侵染花卉时，直接造成损伤和掠夺营养，导致植株生长衰弱矮小、发育缓慢、叶色变淡，甚至萎黄，类似缺肥、营养不良的现象。但更重要的是线虫在穿刺寄主时会分泌酶或毒素等化学物质，引起各种病变，如植物细胞增大、组织坏死、腐烂和瘤肿等。

线虫除直接引起植物病害外，还能成为其他病原物如病毒的传播媒介。线虫为害造成的伤口也常为其他根病病原物的侵入提供途径，甚至将病原物直接带入寄主组织。例如，香石竹萎蔫病是由假单胞菌和线虫联合引起的，假单胞菌就是通过线虫造成的伤口侵入香石竹的。

花卉重要病原线虫主要有如下几种：

（1）根结线虫

根结线虫是花卉上普遍且为害严重的一类线虫，寄主范围广泛，为害花卉后引起根结和植株生长衰退。

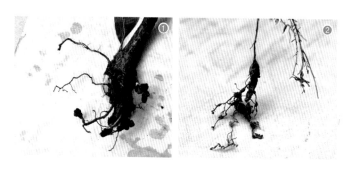

红背桂根结线虫病症状
（❶❷ 根部的根结）

（2）香蕉穿孔线虫

香蕉穿孔线虫是我国禁止入境的重要检疫性有害生物，是香蕉、花卉及其他经济作物上最危险的线虫，寄主范围非常广泛，除为害香蕉和椰子外，还为害红掌、竹芋、棕榈等观赏植物。受害寄主植物地上部表现生长不良、矮小、黄化、萎蔫，根部则出现坏死、腐烂等症状。

香蕉穿孔线虫所致红掌烂根病症状（谢辉 摄）

（3）茎线虫

可为害花卉的茎、叶、根、鳞茎和块根等，引起组织坏死。主要有起绒草茎线虫（鳞球茎茎线虫）和腐烂茎线虫。

风信子茎线虫病症状

（4）滑刃线虫

可为害花卉叶片、幼芽、茎和鳞茎，引起叶片皱缩、枯斑、

死芽、茎枯和茎腐、全株畸形等症状。重要的种有菊花叶枯线
虫和草莓芽线虫等。草莓滑刃线虫还引起珠兰线虫叶斑病，症
状表现为叶背叶脉稍隆起的棕红色至褐色病斑，严重时可引起
落叶。

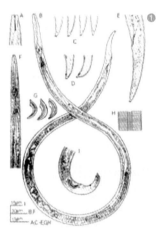

菊花叶枯线虫病症状

（❶ 线虫形态图仿 Siddiqi, 1974；❷ 症状）

5. 寄生植物

寄生植物由于部分器官退化或缺乏足够的叶绿素，不能完
全自身制造营养物质，需寄生在其他植物上靠吸取寄主的营养
物质而生活。花木上常见的寄生植物有桑寄生和菟丝子。

（1）桑寄生

为桑寄生科植物，多寄生于寄主的枝干上。根与寄主的导
管组织相连，从寄主的枝干上长出枝和叶。桑寄生多为害路边
的绿化苗木，吸收寄主的水分和无机盐，受害花木被寄生处肿胀，
出现裂缝或空心，落叶早，严重时枝条枯死或全株死亡。

桑寄生

（❶ 榕树桑寄生；❷ 玉兰桑寄生）

（2）菟丝子

俗称"金线草"，是菟丝子科菟丝子属植物的通称。其叶片退化，茎黄色，常以茎缠绕在寄主植物的茎和叶部，吸器与寄主的维管束相连，吸收寄主的水分和养分。菟丝子除了本身对寄主的为害外，还能传播病害。

菟丝子

（❶❷ 连翘菟丝子；❸ 白掌菟丝子）

生理性病害的原因

引起花卉生理性病害的原因有多方面，主要包括缺素、温度不适宜、水分失调、光照不适宜、环境污染物的毒害和化学药剂使用不当。

1. 缺素

花卉所必需的营养元素有氮、磷、钾、钙、镁、铁、硼、锰、锌、铜等十几种。缺乏这些元素时，花卉生长不良，出现缺素症，其症状会因所缺乏的元素不同而有差异。例如，缺氮时花卉植株矮小，叶稀疏、小而薄，色变淡或黄化；缺硼时分生组织受抑制或死亡，常引起芽的丛生或畸形、萎缩等症状。

缺氮所致白掌叶片黄化症状
（❶病株；❷健株）

2. 温度不适宜

温度过高或过低都不利于花卉生长。高温常造成花卉茎、叶或果实发生局部的灼伤等症状。土表温度过高，会使苗木的茎基部受灼伤；阔叶幼苗受害根颈部出现缢缩，严重时植株死亡。

高温所致的非洲茉莉叶片灼伤症状

低温可以引起植物器官，特别是嫩芽、新叶、新梢的寒害、冷害或冻害。花卉发生寒害时，常表现为组织变色、坏死，也会出现芽枯、顶枯及落叶等现象；受到冻害时，嫩芽新叶甚至新梢冻死，花芽变黑，花器呈水浸状，花瓣变色脱落。

低温所致的连翘叶片红褐色焦枯症状

缺水所致一品红全株萎蔫症状

3. 水分失调

在缺水条件下，植物生长受到抑制，组织中纤维细胞增加，引起叶片凋萎、黄化、花芽分化减少、落叶、落花、落果等现象。土壤水分过多，会造成土壤缺氧，使植物根部呼吸困难，造成叶片变色、枯萎、早期落叶、落果，最后引起根系腐烂和全株干枯死亡。

4. 光照不适宜

光照过弱可影响叶绿素的形成和光合作用的进行。受害植物叶色发黄，枝条细弱，花芽分化率低，易落花落果，并易受病原物侵染，特别是温室、温床栽培的植物更容易出现上述现象。光照过强则易产生灼伤症状。

光照不足所致花卉病害症状
（❶绿萝叶片黄化；❷富贵竹叶片黄化）

5. 环境污染物的毒害

大气和土壤等环境中都存在对植物有毒的物质。大气中的有毒气体种类多，包括二氧化硫、氟化物、臭氧、氮的氧化物、乙烯、硫化氢等；土壤中的有毒物质有重金属等。这些有毒物质达到一定的浓度就会对植物的生长产生有害影响。植物对有毒物质的敏感性随植物种类或有毒物质种类的不同而异。例如，须苞石竹、天竺葵、四季海棠和矮牵牛对二氧化硫敏感，受害叶片呈水渍状的烫伤斑或卷缩，严重时叶片严重失绿、枯干、脱落，花瓣闭合、下垂或落花。石竹和兰花对乙烯敏感。

6. 化学药剂使用不当

化学药剂使用不当，常引起药害，产生类似病原物引起的症状。如果天气干旱，使用过量的硝酸钠，植株顶叶会变褐，出现灼伤。除草剂使用不慎，会使植物受到严重伤害，甚至死亡。阴凉潮湿的天气使用波尔多液和其他铜素杀菌剂时，有些植物叶面会发生灼伤或是出现斑点。蔷薇等属于最易产生药害的一类植物。温室生长的一些多汁植物易受有机磷药物（如对硫磷）的为害。误用烟碱，会使百合叶出现灰色斑。

化学药剂使用不当所致病害症状
（❶ 除草剂所致美国石竹药害；❷ 辛硫磷所致一品红药害；
❸ 一品红上的肥害）

花卉病害的发生与流行

花卉病害的发生与流行受到花卉植株群体、病原物群体、环境条件和人类活动诸方面多种因素的影响，这些因素的相互作用决定了花卉病害发生的程度与流行的广度。

花卉病害的发生

花卉病害的发生涉及病害的传染来源、病原物的侵入以及病原物的传播 3 个方面。

1. 传染来源

花卉病害的传染来源主要有病株，带病花卉种子，苗木和其他繁殖材料，带病基质、土壤和肥料。花卉真菌病害多以菌丝体、分生孢子器、子囊壳等在上述传染来源上越夏或越冬，它们也是第二年病害发生的最初来源。花卉细菌和病毒病害病原的最初来源主要在病株、带病花卉种子、苗木和其他繁殖材料上。

2. 病原物的侵入

（1）侵入途径

病原物的侵入途径有直接侵入、自然孔口侵入和伤口侵入 3 种。直接侵入是指病原物直接穿透寄主的角质层和细胞壁而侵入。不同病原物的侵入途径会有所不同。植物病毒只能从微伤口侵入，细菌没有直接侵入的能力，而部分真菌具有这种能力，如鸡冠花黑斑病病原菌可直接从鸡冠花叶表皮直接侵入引起发病。植物的许多自然孔口如气孔、排水孔、皮孔等，都可能是病原物侵入的途径，许多真菌和细菌也是从自然孔口侵入的。例如，一品红细菌性角斑病的病原菌从一品红叶的气孔或微伤口侵入。引起菌核病的核盘菌，往往先在脱落和黏附于花卉植株茎秆或叶片的花瓣上生活，然后进一步侵入叶片和茎秆。

（2）侵入与环境条件的关系

病原物的侵入和环境条件有关，其中与湿度和温度的关系最密切。在一定范围内，湿度决定孢子能否萌发和侵入，温度则影响萌发和侵入的速度。如百合疫病，适温高湿是病害发生和流行的主要因素，病菌孢囊梗的形成要求空气相对湿度大于

85%，孢子囊的形成要求大于 90%，而以饱和湿度（最好换个容易理解的说法）为最适。孢子囊在叶片上必须有水滴才能萌发侵入，萌发的方式和速度与温度有关，温度适合时，孢子囊萌发产生游动孢子，3~5 小时即可侵入；温度高时，则直接萌发产生芽管，速度较慢，需 5~10 小时才能侵入。菌丝侵入寄主体内后，20~23 ℃时蔓延最快，潜育期最短。

3. 病原物的传播

病原物传播的主要方式有气流传播，雨水传播，生物介体传播，基质、土壤和肥料传播以及人为因素传播。

（1）气流传播

花卉真菌病害因其产生孢子数量极多，且小而轻，很容易随气流传播。霜霉菌和接合菌的孢子囊、大部分子囊菌的子囊孢子、半知菌的分生孢子、锈菌的各种类型的孢子和黑粉菌的孢子都可以随着气流传播。风能引起植物各个部分或邻近植株间的相互摩擦和接触，有助于花卉植株与真菌、细菌、病毒，可能还有线虫的接触而传播病原物。在非设施栽培条件下，花卉真菌病害病菌的传播与其他作物病害的传播类似，传播范围很广、距离很远。在设施栽培条件下，病菌的传播主要与循环风的风向有关，可借助循环风而传遍整个大棚。

（2）雨水传播

花卉病原细菌、真菌和线虫可由雨水传播。雨水传播的距离一般都比较近，病原物通常为存在于基质或土壤中的一些病原物，如真菌的孢子和菌核，一些软腐病细菌和青枯病细菌，还有植物病原线虫等。在非设施栽培条件下，花卉病害病原主要随雨水或灌溉水传播。在设施栽培条件下，则与设施中喷淋设备以及浇水方式相关。

（3）生物介体传播

昆虫、螨和某些线虫是植物病毒病害的主要生物介体。蚜虫是一类重要的传播花卉病毒病的生物介体，如在菊花病毒病发生严重的地块通常能见到蚜虫的为害。昆虫也是一些细菌病害和真菌的传播介体。昆虫通过口器取食，造成植物的损伤，从而传播细菌以及真菌，如地下害虫的为害可以加重花卉植株感染真菌病害的风险。鸟类可以传播桑寄生和槲寄生的种子，候鸟在迁飞过程中落地取食时黏带病原物可远距离传播。

（4）基质、土壤和肥料传播

花卉栽培上常用的基质有泥炭土、水草、椰糠、花生壳、木屑等，各种基质或土壤是花卉病害真菌、细菌以及线虫等越冬或越夏的主要场所。带土的花卉、块茎和苗木可有效地传播甚至远距离传播病原。

花卉栽培上常用的肥料（有机肥）混有病原物，肥料如未充分腐熟，其中的病原可以长期存活，借由肥料进行传播。

（5）人为因素传播

调运或引进带病花卉种苗和其他无性繁殖材料是传播病原物的重要途径；农事操作如花卉分株移苗、打顶去芽、整枝修剪都可以传播病原物。因此，选用无病的花卉种苗是防治病害发生的关键环节。另外，为避免传播病害，农事操作过程中应注意器械消毒，避免交叉感染。

花卉病害的流行

病害在较短时间内大面积发生并造成严重损失的过程称为病害的流行。

1. 花卉病害的流行特点

有些花卉病害可在一个生长季节内流行成灾，而有些花卉病害则逐年加重。

逐年加重的花卉病害在病害循环中只有初侵染而没有再侵染；或者虽有再侵染，但作用很小。此类病害多为种传或土传的全株性或系统性病害。这类病害的流行程度主要取决于初次侵染来源。菊花叶枯线虫病、菊花枯萎病、鸡冠花枯萎病等都是这类病害。

在一个生长季节内流行的花卉病害病原物能够连续繁殖多

代，从而发生多次再侵染，例如万年青炭疽病、仙客来灰霉病、菊花锈病、红掌疫病等气流和流水传播的病害。这类病害在有利的环境条件下，具有明显的由少到多、由点到面的发展过程，可以在一个生长季内完成菌量积累，造成病害的严重流行。

两类病害的流行特点不同，防治策略也不相同。防治逐年加重花卉病害，消灭初始菌源很重要，除选用抗病品种外，田园卫生、土壤消毒、种子消毒、拔除病株等措施都有良好防效。即使当年发病很少，也应采取措施抑制菌量的逐年积累。防治一个生长季节流行的花卉病害主要应种植抗病品种，采用药剂防治和农业防治措施，降低病害的增长率。

2. 病害流行的因素

花卉病害的流行主要受寄主植物、病原物、环境条件 3 个方面因素的影响，必须具备以下要素：

（1）感病性强的花卉品种

感病花卉品种大面积集中栽培，特别有利于病害的传播和病原物的繁殖和累积，常常导致病害大流行。

（2）致病性强且数量巨大的病原物

强致病性病原物能够大量繁殖和有效传播，短期内能积累巨大菌量，有的抗逆性强，越冬或越夏存活率高，初侵染菌源数量较多，这些都是重要的流行因素。对于生物介体传播的病害，传毒介体数量也是重要的流行因素。

（3）有利于病害流行的环境条件

主要包括气象条件、土壤条件、栽培条件等。有利于流行的条件应能持续足够长的时间，且出现在病原物繁殖和侵染的关键时期。

气象因素能够影响病害在广大地区的流行，其中以温度、水分（包括湿度、雨量、雨日、雾和露）和日照最为重要。气象条件既影响病原物繁殖、传播和侵入，又影响寄主植物的抗病性。

寄主植物在不适宜的条件下生长不良，抗病能力降低，可以加重病害流行。

　　花卉病害的流行是以上 3 个因素综合作用的结果，在花卉生长过程中，应注意创造有利于花卉植株、不利于病原的条件，最大限度地降低花卉病害的发生与流行。

花卉病害的症状与诊断

　　花卉感病后，经过一系列病变过程，最终产生肉眼可见的症状。因此，症状就是花卉植物生病后其外表所显现出来的各种各样的不正常状态。症状是病害诊断的主要依据之一。从花卉症状、发生特点等表型特征来判断其病因，初步确定病害种类的过程，称为花卉病害的诊断。

花卉病害的症状

　　典型症状包括病状和病征。病状是花卉植物感病后植物本身的异常表现，如黄化、萎蔫、腐烂等。病征是指寄主植物病部病原物的各种形态结构，并能用眼睛直接观察到的特征。由真菌、细菌等因素引起的病害，病部多表现较明显的病征，如粉状物、颗粒状物、脓状物等。由于病原物的种类不同，对植物的影响也各不相同，所以花卉植物病害的症状也千差万别，根据它们的主要特征，可划分为以下几种类型。

　　1. 病状类型

　　（1）变色

　　指植物的颜色发生改变，在花卉病毒病中常见，常形成花叶、黄化、斑驳等。

　　（2）坏死

　　指植物局部组织死亡，包括各种叶斑、叶枯、茎枯等。

　　（3）腐烂

　　指植物组织较大面积的分解和破坏，可分为干腐、湿腐（软腐）。根据腐烂部位的不同又分为根腐、叶腐、花腐和果腐等。

变色症状
（❶ 万年青花叶；❷ 国兰斑驳）

坏死症状
（❶ 兰花叶斑；❷ 兜兰叶枯）

腐烂症状
（❶ 蝴蝶兰叶腐；❷ 万寿菊花腐；❸ 五代同堂果腐）

萎蔫症状
（❶ 一品红疫病，植株萎蔫；❷ 白掌茎基腐，左边植株叶片下垂，右边为正常植株；
❸ 菊花植株枯萎）

（4）萎蔫

常由于根和茎基部腐烂、坏死，使根部水分不能及时上传，引起的地上部枝叶萎垂、枯死。

（5）畸形

由于受病原物产生的激素刺激，花卉表现生长异常，如局部变态、肿大、皱缩、矮化。

畸形症状
（月季根癌病，根茎肿瘤）

2．病征类型

花卉病害常见的病征有粉状物、霉状物、煤污状物、点状物、颗粒状物、脓状物。

（1）粉状物

直接产生于植物表面、表皮下或组织中，以后破裂而散出，包括锈粉、白粉等，如美人蕉锈病和大丽花白粉病等。

（2）霉状物

霉状物是真菌的菌丝、各种孢子梗和孢子在植物表面构成的各种颜色的霉层，如一品红灰霉病等。

（3）煤污状物

直接产生于植物表面，似煤灰，如蝴蝶兰煤烟病。

（4）点状物

在病部产生的针尖大小的小点，大多暗褐色至褐色，如花卉炭疽病等。

（5）颗粒状物

颗粒状物是真菌菌丝体变态形成的一种特殊结构，其形态大小差别较大，有的似鼠粪状，有的像菜籽形，多数黑褐色，如菊花白绢病等。

（6）脓状物

脓状物是细菌性病害在病部溢出的含有细菌菌体的脓状黏液，一般呈露珠状，或散布为菌液层；在气候干燥时，会形成菌膜或菌胶粒（菌珠），如一品红细菌性叶斑病等。

病征形态

（❶美人蕉锈病病征，锈粉状；❷一品红灰霉病病征，霉状；❸蝴蝶兰煤烟病病征，煤污状；❹兰花拟茎点霉叶斑病病征，点状；❺非洲菊菌核病病征，颗粒状；❻大丽花白粉病病征，白粉状；❼一品红细菌性叶斑病病征，脓状）

花卉病害的识别与诊断

花卉病害诊断的程序一般包括：现场观察询问、症状识别、样品检查（镜检或剖检）、初步得出诊断结论。在进行花卉病害诊断时，首先要区分病害是传染性病害还是生理性病害。若为传染性病害，则要进一步区分病原物的类型；若为生理性病害，则要分析病害的原因。

1. 传染性病害与生理性病害的区别

传染性病害在特定的环境下轻重不一，有发病中心；生理性病害大面积同时发生，发病时间短，症状比较一致，没有发病中心。传染性病害能在植株间传播，生理性病害不能在植株间传播。大多数传染性病害有病征（如粉状物、霉状物和脓状物等），生理性病害没有病征。若环境条件改善，生理性病害症状一般可以减轻甚至恢复。

2. 传染性病害的诊断

花卉传染性病害主要由真菌、细菌、病毒、线虫等病原物引起，以下是各类传染性病害的诊断方法。

（1）真菌病害的特点及诊断

花卉真菌病害的主要症状是坏死、腐烂、萎蔫、少数畸形，在病斑上常有病征，如霉状物、粉状物、锈状物、点状物、粒状物等，这些是花卉真菌病害区别于其他传染性病害的重要标志。

诊断花卉真菌病害时，除仔细观察病害的症状外，还可将病斑上的霉状物、粉状物、锈状物、粒状物等挑出、刮下或切片在显微镜下进行镜检。对那些没有表现出病征的病害，要保湿培养1~2天后，再镜检观察。常见的花卉真菌病害，通过症状观察与镜检结果，结合相关的花卉真菌病害资料，可以做出诊断。

（2）细菌病害的特点及诊断

大多数花卉细菌病害的主要症状有斑点、腐烂、萎蔫和瘤肿,初期受害组织表现水渍状或油渍状边缘,半透明,潮湿条件下病部有黄褐色、乳白色的黏胶状或水珠状的菌脓,有些细菌病害有臭味。菌脓或光学显微镜下的溢菌(喷菌)现象是花卉细菌病害区别于其他传染性病害的重要标志。

常见的花卉细菌病害,通过症状观察,结合病部的菌脓,以及相关的花卉细菌病害资料,可以做出诊断。对于无菌脓的花卉细菌性病害,可以保湿或镜检有无溢菌现象,再结合相关的花卉细菌病害资料,做出诊断。

(3)病毒病害的特点及诊断

花卉病毒病害的主要症状有花叶、矮缩、坏死、黄化、畸形等,无病征。常见的花卉病毒病害,通过症状观察,结合相关的花卉病毒病害资料,可以做出诊断。

(4)线虫病害的特点及诊断

花卉线虫病害症状表现为根结(根瘤)、虫瘿、胞囊、茎叶坏死、植株矮小、叶片黄化或类似缺肥状,在根表、根内、根际土壤、茎或虫瘿中有寄生线虫。诊断时应注意,植物内寄生线虫容易在病部分离到,而根的外寄生线虫一般需要从根围土壤中分离。

由于病害的症状有一个发生发展的过程,不同病原可以引起相同的症状,相同的病原在不同环境条件下产生的症状可能不同,并且在田间常会出现几种病原复合侵染某种花卉,增加了花卉病害症状的复杂性,这些在花卉病害的诊断过程中应特别注意。

花卉病害的鉴定是指将病原物的种类和已知种类进行比较,确定其科学名称或分类上的地位。有些有明显症状的病害,可直接诊断或鉴定。诊断为花卉病害的病原常需要依据症状特点、传播方式、病原形态、分子生物学特性等进一步鉴定。对于疑难病害和新病害,可通过柯赫氏法则(Koch's Rule)进行鉴定。柯赫氏法则可以证明某种微生物的致病性,包括以下内容和步骤:花卉病害上常伴随一种微生物的存在;在病部分离并获得该微生物纯培养；将纯培养物接种健康的同种花卉植株，观察症状表现；从接种后发病的部位再分离培养微生物。最后，通过比较接种发病的症状和再分离所得微生物的性状来判断该微生物的致病性，确定病害的真正病因。若接种后表现的症状与最初观察到的病害症状一致，以及再分离得到的微生物性状与第一次分离所得微生物的性状完全相同，则证明这种微生物是该病害真正的病原物。

3. 生理性病害的诊断

引起生理性病害的因素很多，可以深入现场，根据田间病株发生与分布的特点、周围环境条件、农事操作，结合施肥用药情况综合分析，再做出诊断。只有搞清病因，才能提出具有针对性的防治对策，达到防治效果。以下是几种常见生理性病害的诊断方法。

（1）营养不平衡

营养不平衡包括各种营养间比例失调和营养过量，而缺素症是最常见的。明显的缺素症状多见于老叶或顶部新叶，若补充所缺元素，这类病害症状可以恢复。

（2）温度不适宜

温度不适宜包括霜害和冻害以及灼伤。当花卉受到低温冻害时，常表现的症状是组织变色、坏死，也可出现芽枯、顶枯及落叶等现象。灼伤受害部位为阳光直接射到的植株表面。这类病害一旦温度适宜，新长出的叶片可以恢复正常生长。

（3）水分失调

水分失调常表现为缺水和水分过多。缺水时，花卉生长受到抑制；严重缺水时，植株萎蔫，下部叶片变色或落叶，甚至整株枯死。水分过多会造成土壤缺氧，根系长期处于缺氧状态，影响发育，阻碍养分吸收，并在根部产生有害物质。若及时改善和保持适宜的水分状况，病害症状可以恢复。

（4）环境污染

在短时间内，花卉突然大面积发生病害，大多数是由于大气污染、酸雨、废水污染等引起的生理性病害。

（5）化学药剂使用不当

有明显的枯斑或灼伤，多集中在花卉顶部的叶片或花芽，无病史，大多数是由于农药或化肥使用不当所致。

（6）遗传性生理病害

若病害只局限于某种花卉品种上，且往往表现为生长不良或系统性的一致症状，则多为遗传性或先天性生理缺陷引起的生理病害。

花卉虫害
防治基础

 昆虫的识别特征与为害

昆虫是地球上最繁盛的类群，与人类关系极为密切。不少昆虫对人类有害，如松毛虫、竹蝗往往将大片松、竹林摧毁；吉丁虫、天牛常将大量花木茎秆蛀食而空；蚜虫、粉虱、介壳虫等造成花卉嫩枝叶片苍白、卷曲以至植株死亡，造成经济损失；蚊、蝇、虱、臭虫等传染疾病，影响人类健康。同时，昆虫中还有很多有益的种类，如家蚕、柞蚕能吐丝；蜜蜂能酿蜜，传播花粉；白蜡虫、紫胶虫能分泌虫胶；蝉蜕、蝼蛄、蟋蟀等可作医药治病；瓢虫、蜻蜓、螳螂、步行虫等能捕食多种害虫，是重要的害虫天敌。此外，昆虫中的蝴蝶、甲虫因其色彩及体形优美供人类观赏；在古埃及，蜣螂被称为"神圣甲虫"，是权力和地位的象征。可见，昆虫不仅与人们的衣、食、住、行等物质生活有着密切的联系，而且与人们的文化、审美、宗教、民俗等精神生活也息息相关。

昆虫有害虫和益虫之分，除了少部分昆虫因与人类竞争食物、破坏生态环境、影响人类的福利而被称为害虫外，大部分昆虫对人类有益，在生态系统、环境保护和经济建设等方面起着重要的作用。

昆虫的识别特征

昆虫种类繁多，形态各异，但它们都有共同的特征。成虫身体分为头、胸、腹 3 个部分。头部有 1 对口器、触角，通常还有单眼和复眼，是感觉和取食的中心；胸部有 3 对足，一般还有 2 对翅，是运动的中心；腹部是代谢和生殖的中心。此外，昆虫在生长发育过程中有变态现象。

1. 头部

（1）口器

口器是昆虫的取食器官，主要有咀嚼式、刺吸式、锉吸式、刮吸式、舐吸式、嚼吸式口器，其中咀嚼式口器昆虫和刺吸式口器昆虫与农业生产的关系最为密切。

咀嚼式口器：许多昆虫如蝗虫类、蛾蝶类幼虫、甲虫类的口器都是咀嚼式口器，它们取食植物造成孔洞、缺刻或茎秆折裂等，对花卉造成很大为害。

刺吸式口器：具有刺吸式口器昆虫主要取食动植物汁液，是农业生产上的一类重要害虫。刺吸式口器昆虫为害时将口针插入组织内部吸取汁液，造成叶片变黄或褪绿，严重时叶片卷曲畸形；另外，刺吸式口器昆虫在刺吸时可将病毒传给健康植株，引起病毒广泛传播。

（2）触角

触角是昆虫的嗅觉、触觉器官，其上有着丰富的感觉器，在觅食、求偶、聚集时起着嗅觉、触觉和听觉的作用。园林花卉害虫常见的触角类型有丝状（或线状）、棒状、羽毛状、念珠状、膝状、鳃叶状、具芒状等。触角的形状不仅是昆虫分类的依据，有时还可用来鉴别昆虫的性别。

（3）复眼和单眼

复眼和单眼是昆虫的视觉器官。复眼多为卵圆形，由很多小眼组成。小眼数目越多，复眼造像越清晰。但有一些穴居或寄生性昆虫的复眼常退化或消失。单眼一般2~3个，少数种类为1个。单眼只能感觉光的强弱与方向，不能成像，也不能分辨颜色。

2. 胸部

胸部位于头部之后，由前胸、中胸和后胸3个体节组成。前胸具有1对前足，中胸具有1对中足，后胸具有1对后足。在大多数昆虫中，中胸、后胸上还各具有1对翅，分别称为前翅和后翅。由于胸足和翅都是昆虫的行动器官，所以胸部是昆虫运动的中心。

（1）胸足

胸足一般分为基节、转节、腿节、胫节、跗节、前跗节6节。由于适应不同的环境条件和生活方式的结果，足的形状和功能发生了相应的变化。常见胸足的类型有步行足、跳跃足、捕捉足、开掘足等。

（2）翅

翅的主要功能是飞行。昆虫有翅之后，取食和分布范围大大扩大，有利于昆虫的觅食、求偶和逃避敌害。翅的种类很多，主要有膜翅、鞘翅、半鞘翅、覆翅、毛翅、缨翅、鳞翅等。

3. 腹部

腹部是昆虫新陈代谢和繁殖的中心，一般由9~11节组成。大部分的内脏器官位于腹部第1~7节，雌成虫产卵器位于第8节和第9节，雄成虫的交尾器则位于腹部第9节，第10~11节称为生殖后节。腹部的附肢大多退化，但末几节附肢特化成与生殖有关的外生殖器和尾须。腹部第1~8节两侧各有气门1个。气门是昆虫呼吸的开口，是气体进出的通道，其结构与药剂防治有密切的关系。

昆虫对花卉的为害

1. 食叶害虫

食叶害虫种类繁多，主要有蛾蝶类（鳞翅目）、蝗虫（直翅目）、叶蜂（膜翅目）、金龟子（鞘翅目）、叶甲（鞘翅目）等，其中蛾蝶类的种类占绝大多数。这类害虫以咀嚼式口器取食健康植株的叶片，造成叶片缺刻、孔洞，有时将叶片全部吃光，被害植物地面往往布满虫粪、残叶，枝叶上还常挂有虫茧；多数营裸露生活，少数卷叶或营巢生活。

食叶害虫对花卉的为害状

（❶ 曲纹紫灰蝶幼虫为害苏铁；❷ 夜蛾幼虫为害花叶姜；❸ 夜蛾幼虫为害金钻未展开幼叶；❹ 夜蛾幼虫为害金钻叶片；❺ 袋蛾为害观赏植物叶片；❻ 天蛾为害夹竹桃嫩叶；❼ 多花红千层受害后的虫苞；❽ 红棕象甲幼虫为害棕榈植物）

2. 吸汁害虫

刺吸式口器害虫以吸取汁液为害植物。其种类有很多，主要有介壳虫、蚜虫、粉虱、木虱、椿象、蓟马以及叶螨、瘿螨等。除蝉科昆虫和少数蚜虫、介壳虫在根部为害外，多聚集在植物的嫩芽、梢、叶、果等部位，以刺吸式口器吸取植物的汁液，给植物造成病虫或生理伤害，被害的部位呈现褪色的斑点、卷曲、皱缩、枯萎或畸形；或因部分组织受唾液的刺激，使细胞增生，形成局部膨大的虫瘿。严重时，可使植物营养不良，树势衰弱，甚至整株死亡。同时由于刺吸式害虫的为害，还给某些蛀干害虫的侵害造成了有利条件。此外，有些刺吸式害虫还可以传播病毒病和诱发煤烟病。

刺吸式口器害虫属园林花卉植物上的重要害虫，具有种类多、数量大、易成灾、难控制的特点，并且多数害虫为小型昆虫，用肉眼需认真观察才能发现。介壳虫、蚜虫、粉虱、蓟马以及螨类被称为"五小"害虫，其种类多、个体小、生活周期短，繁殖力强，扩散速度快，是目前最常见、易成灾且难以控制的园林花卉害虫。

吸汁害虫对花卉的为害状

（❶ 烟粉虱为害一品红；❷ 蚜虫为害金脉爵床；❸ 介壳虫为害苏铁；❹ 榕
管蓟马为害细叶榕；❺ 介壳虫为害荫香；❻ 叶蝉为害幌伞枫）

3. 根部害虫

根部害虫主要是地下害虫，主要有蛴螬、蝼蛄、金针虫、地老虎、象甲、油葫芦、白蚁等。主要以咀嚼式口器吃掉发芽种子，咬断根、幼茎或植株的根皮，造成幼苗死亡，形成缺苗断垄，植株叶片枯黄，草坪成片枯死形成斑秃等。蛴螬还可为害较大的常绿乔木、灌木等，白蚁则常为害大树、古树等。

根部害虫对花卉的为害状

（❶ 蛴螬为害棕榈植物的根；❷ 芒果树上黑翅土白蚁泥被）

4. 钻蛀害虫

钻蛀害虫的种类颇多，包括蛀干、蛀茎、蛀新梢以及蛀蕾、花果、种子等各种害虫，主要种类有天牛、吉丁虫、小蠹虫、木蠹蛾、透翅蛾、卷蛾、螟蛾，茎蜂、树蜂以及白蚁等。这类害虫多以幼虫钻蛀植物茎干，在韧皮部和木质部之间蛀食为害，切断水分、养分的运输，导致寄主植物萎蔫、枯黄，甚至整株死亡。

钻蛀害虫对花卉的为害状

（❶红棕象甲钻蛀为害棕榈植物；❷蝙蝠蛾为害白马王子；❸星天牛成虫羽化孔，引自徐公天；❹褐纹甘蔗象为害椰子）

昆虫的生物学特性

昆虫的一生

1. 卵

昆虫一般将卵产在寄主植物上面，方便后代获得食物，但有些昆虫可将卵产在地面、土壤甚至水中。有些是单产、有些是块产，块产的卵孵出的幼虫低龄期一般具有群集性。卵的形状多种多样，有卵圆形或肾形、桶形、瓶形、纺锤形、半球形、球形、哑铃形等。大部分昆虫的卵初产时为乳白色或淡黄色，以后颜色逐渐变深，呈灰黄色、灰褐色、褐色等，孵化之前颜色进一步加深。但是，当卵被寄生蜂寄生后，颜色也呈暗褐色甚至黑色。

昆虫的卵
（❶❷❸❹ 为块产的卵；❺❻ 为散产的卵）

2. 幼虫

昆虫在卵内完成胚胎发育后，会破卵壳而出变成初孵幼虫。初孵幼虫一般会以卵壳为食获得营养，然后取食寄主植物。随着虫体的生长，经过一定时间，昆虫会将旧表皮脱去换上新表皮(脱皮)。一般来说,昆虫幼体生长要经过数次脱皮才能变成蛹。根据昆虫的脱皮次数，可以确定虫体的年龄大小。从孵化至第一次脱皮以前的幼虫或若虫叫 1 龄幼虫或 1 龄若虫，第一次脱皮后的幼虫或若虫叫 2 龄幼虫或 2 龄若虫。相邻两次脱皮所经历的时间称龄期。

昆虫的幼虫
(❶❺ 蛱蝶; ❷ 灯蛾; ❸❻ 毒蛾; ❹ 天蛾; ❼ 螟蛾; ❽ 蚕蛾)

3. 蛹

完全变态类幼虫获取足够的营养之后，从一个自由活动的虫态变为另一个不食不动的蛹的过程称为化蛹。多数末龄幼虫在化蛹前，通常先停止取食，寻找隐蔽安全的适宜场所，身体变短，颜色变淡，最后脱去幼虫表皮，呈现蛹的构造。有些昆虫的化蛹过程还要吐丝做茧或营造土室。

昆虫的蛹
（❶ 蛱蝶；❷ 蚕蛾；❸ 象甲；❹ 天蛾；❺ 螟蛾；❻ 蝙蝠蛾）

4. 成虫

成虫从它的前一虫态脱皮而出的过程称为羽化。不完全变态类的成虫刚羽化后体软、色淡、翅不伸展，常停留在蜕上或附近，静止一段时间后虫体变硬、体色变暗、翅充分伸展。完全变态类昆虫羽化前，蛹的颜色变深。羽化时，成虫靠身体的扭动使蛹壳沿胸部背中线裂开。蛹羽化成成虫后，成虫则会借助视觉、嗅觉和触觉向异性示爱，并顺利完成交配。多数昆虫在交配后不久，就会找到合适的寄主产卵，繁殖后代。

昆虫的成虫
（❶椿象；❷粉蝶；❸灰蝶；❹天蛾；❺毒蛾；
❻芫青；❼金龟子；❽象甲）

5. 生活史

昆虫的生活史是指一种昆虫在一定阶段的发育史。生活史常以一年或一个世代为时间范围，昆虫在一年中的生活史称年生活史。昆虫在一个世代中的发育史称代生活史。年生活史中，昆虫发生的代数一般是固定的，这种特性称为化性。一年只发生1代的叫一化性，一年发生2代的叫二化性，一年发生3代或3代以上的称多化性。二化性和多化性昆虫由于发生期及产卵期较长等原因而使前后世代间明显重叠的现象叫世代重叠。

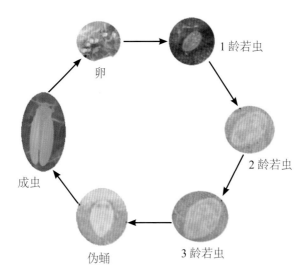

卵　1龄若虫　2龄若虫　3龄若虫　伪蛹　成虫

烟粉虱的生活周期

昆虫的习性和行为

1. 体形和体色

（1）拟态

拟态是指昆虫在形态、颜色、斑纹、姿态或行为等方面模仿环境中的其他生物、同种的其他个体或非生命物体，以躲避天敌的现象。

昆虫的拟态
（❶枯叶蝶；❷竹节虫）

（2）保护色

保护色是指一些昆虫的体色与其周围环境的颜色相似的现象。如栖居于草地上的绿色蚱蜢，其体色与生境极为相似，不易为敌害发现，有利于保护自己。

昆虫的保护色
（❶螽蟖；❷蝗虫）

（3）警戒色

有些昆虫既有保护色，又有与背景形成鲜明对照的体色，称为警戒色，更有利于保护自己。如蓝目天蛾，其前翅颜色与树皮相似，后翅颜色鲜明并存类似脊椎动物眼睛的斑纹，当遇到其他动物袭击时，前翅突然展开，露出后翅，将袭击者吓跑。

（4）雌雄二型现象

有些昆虫的雌雄两性个体间，除生殖器官不同外，在大小、体形和体色等外部形态方面存在着明显差异的现象。如鞘翅目锹甲科雄性个体明显大于雌性，且雄虫上颚特别发达，有的甚至与身体等长或分支呈鹿角状，但雌虫上颚较小。

蓝目天蛾的警戒色　　　　　　　锹甲的雌雄二型现象

（5）多型现象

多型现象是指一种昆虫的同一虫态的个体在大小、体形和体色等外部形态方面存在明显差异的现象。多型现象在蜜蜂、蚂蚁和白蚁等社会性昆虫及蚜虫等群集性昆虫中表现最为突出。

2. 食性

不同种类的昆虫，其食性不同，同种昆虫的不同虫态也不完全一样，有的甚至差异很大。根据昆虫取食食物的性质可将其分为植食性、肉食性、腐食性及杂食性4类。根据昆虫取食食物的种类范围的广狭，可分为单食性（以某一种植物为食料）、寡食性（以1个科或少数近缘科植物为食料）、多食性（以多个科的植物为食料）。昆虫天敌以其他昆虫为食，分为捕食性天敌昆虫和寄生性天敌昆虫两大类，在生物防治上具有十分重要的意义。

3. 休眠和滞育

昆虫在其生活史的某一个阶段，当环境因子变得不利于生长发育时，生命活动会出现停滞的现象，用以度过不良的环境，维持个体生存和种的延续。这种现象一般与恶劣环境条件如高温、低温和干旱等因子有关。昆虫在夏天高温、干旱季节发生的生命活动停滞的现象称为夏眠。昆虫在冬天低温季节进入的生命活动停滞的现象称为冬眠。通常将这种生命活动停滞的现象分为休眠和滞育两大类。休眠是由不良环境条件直接引起的，当不良环境条件消除时，便可恢复生长发育。滞育是昆虫长期适应不良环境而形成的种的遗传性。在自然情况下，当不良环境到来之前，昆虫在生理上已经有所准备，即已进入滞育。一旦进入滞育，即使给予适宜的环境条件，个体也不会恢复发育。

4. 活动

（1）群集性

群集性是指同种昆虫的个体大量聚集在一起生活的习性。一般分为临时性群集和永久性群集2类。临时性群集是指昆虫仅在某一虫态或某一段时间内行群集生活，过后就分散的现象，如荔枝椿象、叶蜂等低龄幼虫临时群集生活，大龄以后即行分散生活。永久性群集是指昆虫终生生活在一起的现象，如蜜蜂和白蚁是典型的永久性群集。

昆虫的群集性
（❶ 蚜虫的群集；❷ 红火蚁的群集）

（2）活动的昼夜规律

绝大多数昆虫的活动，如交配、取食和飞翔等都与白天和黑夜密切相关。根据昆虫昼夜活动规律可将昆虫分为日出性昆虫（如蝶类、蜻蜓等）、夜出性昆虫（如多数蛾类等）、昼夜活动的昆虫（如某些天蛾、大蚕蛾和蚂蚁等）。

（3）扩散

昆虫的扩散分为主动扩散和被动扩散两类。主动扩散是指昆虫群体因密度、觅食、求偶、寻找产卵场所等原因而向周边地区转移、分散的过程；被动扩散是由风力、水力、动物或人类活动引起的分散过程。

（4）迁飞

迁飞是指一种昆虫成群地从一个发生地长距离地飞到另一个发生地的现象。昆虫的迁飞是长期适应环境的遗传特性。昆虫的迁飞是一个具有相对固定路线的持续迁移行为，通常受光周期诱导和激素的调节。目前已发现有不少主要农业害虫具有迁飞的特性，如东亚飞蝗、黏虫、小地老虎、甜菜夜蛾、褐飞虱、白背飞虱、黑尾叶蝉等。

（5）趋性

趋性是指昆虫对外界刺激（如光、温度、湿度和某些化学物质等）所产生的趋向或背向行为活动。朝向刺激物的活动称为正趋性，逃离刺激物的活动称为负趋性。昆虫的趋性类型主要有趋光性、趋化性、趋温性、趋湿性等。

多数夜间活动的昆虫，对灯光表现为正的趋性，特别是对黑光灯的趋性尤强。有些昆虫对一些化学物质的刺激所表现出趋向或背向的反应，如一些夜蛾，对糖醋液有正趋性。

昆虫的趋性
（❶ 黑光灯诱集昆虫；❷ 黄板诱集昆虫）

（6）假死性

假死性是指昆虫受到某种刺激或震动时，身体蜷缩，静止不动，或从停留处跌落下来呈假死状态，稍停片刻即恢复正常而离去的现象。如金龟子、象甲、叶甲以及黏虫幼虫等都具有假死性。假死性是昆虫逃避敌害的一种适应。

常见花卉害虫和益虫的类群

常见害虫类群

1. 食叶害虫

食叶害虫是以叶片为食的害虫。被害花卉植株的叶片常被咬成缺刻、孔洞或仅留叶脉，甚至全被吃光。潜伏在叶片表皮间取食的害虫，会在叶内留下弯弯曲曲的虫道，常使叶片枯萎、早落；还有些种类会造成叶片卷曲和缀合等。常见类群有蛾蝶类幼虫、叶甲、蝗虫、叶蜂、潜蝇等。

（1）蛾蝶类

完全变态昆虫，有卵、幼虫、蛹和成虫 4 个虫态。以幼虫取食为害花卉植株，常食尽叶片或卷叶、缀叶、吐丝结网或钻入植物组织取食为害。成虫一般不对花卉植物造成为害。

夜蛾：幼虫体粗壮，光滑少毛。腹足通常 5 对，少数 3 对或 4 对。

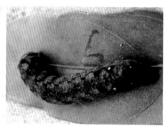

不同体色的斜纹夜蛾幼虫

刺蛾：幼虫俗称洋辣子，头缩入前胸内，生有枝刺和毒毛。胸足退化，腹足呈吸盘状。经常在卵圆形石灰质茧内化蛹。

毒蛾：幼虫体被长短不一的鲜艳毛簇，常在体背上排成行，毛有毒；腹部第 6、7 节背面中央各具一翻缩腺。

刺蛾幼虫　　　　　　　　　　毒蛾幼虫

天蛾：幼虫粗大，腹部每节分为 6~8 小节；第 8 腹节有一尾状突起叫尾角。

天蛾幼虫

尺蛾：幼虫只有 2 对腹足，着生于第 6 节和第 10 节的腹节上，行动时身体一曲一伸。

螟蛾：幼虫体细长，光滑，毛稀少，前胸气门前侧有 2 根毛。幼虫隐蔽取食，常卷叶作苞、钻蛀茎秆、蛀食果实等，如为害盆架子的绿翅绢野螟。

尺蛾幼虫　　　　　　　螟蛾幼虫（杜志坚 供）

袋蛾：幼虫用丝叠枝叶结巢袋，负袋行走。不同种类有不同形态的巢袋。雌虫生活在幼虫所织的巢袋内，在袋内交尾产卵。

袋蛾幼虫　　　　　　　　　　凤蝶幼虫

凤蝶：多数为大型蝶类，后翅常有尾状突。幼虫肥大，前胸前缘有"Y"形臭腺，受惊时翻出体外。

灰蝶：成虫喜访花，触角具多数白环。幼虫蛞蝓形，无腹足。

粉蝶：幼虫圆柱形，胸部和腹部每节都有皱环，表皮上常有小颗粒。

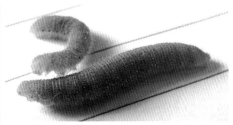

灰蝶幼虫　　　　　　　　　　粉蝶幼虫

（2）甲虫类

前翅为鞘翅，体躯坚硬，铠甲似的体壁保护着虫体。完全变态昆虫。食叶害虫的主要种类为叶甲。

叶甲俗称金花虫。成虫小型至中型，体色鲜艳或有金属光泽，有金花虫之称。成虫和幼虫都是植食性，成虫常在叶片上为害，幼虫除在叶面取食外，还可潜叶、入土食根。

叶甲成虫

（3）蜂类

完全变态昆虫。为害花卉的常见种类有叶蜂和姬小蜂。

叶蜂：通常在嫩茎或叶上产卵。幼虫通常有腹足 6~8 对。

姬小蜂：一些种类如刺桐姬小蜂为害刺桐属植物，受害的植株叶片、嫩枝等处出现畸形、肿大、坏死、虫瘿等症状，严重时大量落叶、植株死亡。

叶蜂幼虫

刺桐姬小蜂为害状

（4）蝗虫

咀嚼式口器。多数种类有 2 对翅，少数无翅。前胸背板大，后足发达，可跳跃。雄虫能以后足腿节摩擦前翅发音。通常将卵产于土中，外以胶囊保护。渐变态昆虫，包括卵、若虫和成虫 3 个虫态。

蝗虫

（5）潜蝇

为完全变态昆虫。有 1 对膜质前翅，后翅退化为平衡棒。大部分种类以幼虫潜食为害花卉叶片，造成隧道，致使叶片枯死。老熟幼虫在隧道中化蛹或在叶面上化蛹，以蛹在土中越冬。

潜蝇为害状
（❶ 瓜叶菊；❷ 菊花）

2. 吸汁害虫

多为刺吸式口器，用口针插入花卉的叶、花、嫩梢等组织内吮吸汁液，受害花卉的外形无机械损伤，只在被害部位形成褪色斑点，或引起组织畸形，甚至整株枯死，有的种类还会传播植物病毒。这类害虫体形小，一年中发生代数多，繁殖力强。

（1）蝽类

前翅基部增厚为革质，端部为膜质。由于很多种能分泌挥发性臭液，故又叫放屁虫、臭虫。

为害白掌的盲蝽

红蝽

（2）蚜虫

常群集于叶片、嫩茎、花蕾、顶芽等部位，刺吸汁液，使叶片皱缩、卷曲、畸形，严重时引起枝叶枯萎甚至整株死亡。蚜虫分泌的蜜露还常常诱发煤污病。蚜虫繁殖力强，一年能繁殖10~30代。蚜虫具有尾片和腹管，感觉孔圆形。环境恶劣时常产生有翅蚜。

（3）粉虱

体小型，体和翅上被有白色蜡粉。排泄的蜜露可诱发煤污病，也是重要的传毒昆虫。

群集为害的蚜虫

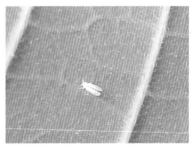
烟粉虱成虫

（4）木虱

体小型，活泼能跳。触角10节。卵产在寄主植物的枝叶上。

若虫常群集在一起取食。有的木虱体外被蜡质，有的在叶上形成虫瘿，有的可传播植物病毒病。

（5）叶蝉

最显著的识别特征是后足胫节具有刺毛列，不仅直接为害花卉，还可传播植物病毒病。

受木虱为害的盆架子叶片　　　　叶蝉

（6）介壳虫

小型昆虫，大多数虫体上被有蜡质分泌物。雌雄异形，雌虫无翅，雄虫有 1 对膜质前翅，是花卉园林植物上的常见害虫。成虫、若虫除直接为害外，还能诱发煤污病。

介壳虫
（❶为害兰花的牡蛎蚧；❷为害苏铁的盾蚧）

（7）蓟马

锉吸式口器。大多数生活在植物花卉中取食花粉和花蜜，或以植物的嫩梢、叶片及果实为生；少数捕食蚜虫、粉虱、介壳虫、螨类等，是害虫的天敌。翅狭长，边缘有很多长而整齐的缨状缘毛。

蓟马

（❶ 蓟马成虫；❷ 蓟马的为害状）

3. 根部害虫

取食播后种子、幼苗根茎、球茎、鳞茎和块茎等花卉地下组织，常造成缺苗或幼苗倒伏，甚至整株枯死。常见种类有蛴螬、蝼蛄和眼蕈蚊等害虫。

（1）蛴螬

蛴螬是金龟甲的幼虫，植食性蛴螬为害多种花卉苗木，喜食刚播种的种子、根、块茎以及幼苗。

蛴螬　　　　　　　　　取食花朵的丽金龟

（2）蝼蛄

通常栖息于地下，夜间和清晨在地表下活动。蝼蛄的前足扁平，前端生有锐利的尖爪，能用它在地下挖土形成隧道，潜行在土壤中为害，使幼根与土壤分离，植株因失水而枯死。

（3）眼蕈蚊

幼虫细长，筒形，可群聚为害花卉的地下部。

眼蕈蚊
（❶ 成虫；❷ 幼虫）

4. 钻蛀害虫

在花卉枝条与茎秆内蛀食为害，造成植株失水枯死，受害植株表面有孔洞，有明显的木屑和虫粪，内部有虫道。生活取食比较隐蔽，不易发现。常见种类有天牛、象甲、辉蛾和螟蛾。

（1）天牛

成虫触角长，常超过身体2倍，前翅为鞘翅；幼虫体常粗肥，长圆形，略扁。幼虫蛀食茎干和枝条，影响花卉的生长发育。

天牛
（❶ 桑天牛幼虫；❷ 桑天牛成虫）

（2）象甲

成虫头部前面有特化的象鼻状长喙。幼虫常为白色，身体弯成"C"形，无足，如为害棕榈植物的红棕象甲幼虫。该虫蛀食茎秆内部及生长点，取食柔软组织，导致受害组织坏死腐烂，严重时造成茎干中空，遇风很易折断。

（3）辉蛾

如为害巴西木、发财树等蔗扁蛾幼虫，蛀食寄主植物的皮层、茎秆，咬食新根，使植物逐渐衰弱、枯萎，甚至死亡。

（4）螟蛾

钻蛀性的螟蛾幼虫钻蛀为害花卉植株后，茎部易折断。

红棕象甲成虫　　　　　蔗扁蛾幼虫　　　　　大丽花螟蛾幼虫

常见益虫类群

本书所指的益虫专指天敌昆虫，指能捕食害虫或寄生于害虫体内的昆虫。

1. 寄生蜂类

寄生蜂类是最常见的一类寄生性昆虫，有 2 对薄而透明的翅膀，能寄生在蝶类、蛾类、甲虫等昆虫的幼虫、蛹和卵内，引起害虫死亡。主要有姬蜂和赤眼蜂等。

姬蜂成虫　　　　　　　赤眼蜂成虫

2. 瓢虫

虫体小，半圆球形，体色鲜艳，常具红色、黑色或黄色斑点。瓢虫中有取食植物的瓢虫，这些瓢虫是害虫；还有捕食蚜虫、介壳虫等害虫的瓢虫，这些瓢虫才是益虫，如常见的七星瓢虫。

瓢虫
（❶ 捕食蚜虫的瓢虫；❷ 七星瓢虫）

3. 虎甲

中等大小，成虫色彩鲜艳，有色斑。成虫、幼虫均为捕食性，捕食其他小昆虫或小动物。成虫白天活动，经常在路上觅食小虫，当人接近时，常向前作短距离飞翔。幼虫深居垂直的洞穴中，在穴口等候猎物，用镰刀状上颚捕捉猎物。

虎甲成虫

4. 寄蝇

幼虫寄生在蝶类、蛾类的幼虫和蛹、甲虫的幼虫及成虫、叶蜂等昆虫体内。成蝇一般多毛，外表像家蝇，后小盾片发达。

5. 猎蝽

头窄，头后有细窄颈状构造。喜捕食各种昆虫，用口针吮吸被捕食动物的体液。

寄蝇成虫　　　　　　　　　　猎蝽成虫

6. 脉翅目

主要包括草蛉、蚁蛉、螳蛉、粉蛉、水蛉等，具咀嚼式口器。2 对翅的形状、大小和脉相都很相似。翅脉密而多，呈网状，在边缘多分叉，少数种类翅脉少而简单。成虫和幼虫大多陆生，捕食蚜虫、叶蝉、粉虱、鳞翅目幼虫和卵、叶螨、介壳虫等。

蚁蛉幼虫的窝　　　　蚁蛉幼虫　　　　　蝶角蛉成虫

7. 螳螂

成虫、若虫均为肉食性，捕食各类昆虫和小动物。头部三角形，活动自如。触角细长多节，口器咀嚼式，前胸显著延长，前足有利刺，用来捕捉猎物，前翅革质，后翅膜质透明，静止时折叠于背上。

螳螂

 **螨类及软体动物**

螨类及其为害

1. 基本特征

螨类隶属于节肢动物门蛛形纲蜱螨亚纲。成螨体通常为圆形或卵圆形。多数螨体形柔软、很小，一般为 0.1 毫米至数毫米。口器分为刺吸式和咀嚼式两类。体躯一般由颚体、前足体、后足体和末体 4 个体段构成。

螨类与昆虫的主要区别：体不分为头、胸、腹 3 段；无翅、无复眼；足 4 对（少数 2 对）；一般经过卵、幼螨、若螨、成螨的发育过程，其中幼螨只有 3 对足。

2. 为害

螨类虽然很小，但可别小看它们，它们生活场所多样，食性较为复杂。为害花卉的植食性螨类通常生活在叶片、花上，刺吸汁液，有的能吐丝结网，刺激受害部位变色、变形或形成虫瘿，传播植物病毒。有些螨能捕食或寄生其他螨类和昆虫，用于防治害螨和小型昆虫。

❶❷ 为害玫瑰花的叶螨

3. 生物学特性

多为两性生殖。有的种类很少发现雄螨或雄螨至今尚未发现，则营孤雌生殖；有的种类在母体内直接发育为成螨。繁殖迅速，一年最少 2~3 代，多达 20~30 代。

幼螨和若螨均有活动期和静止期。静止期脱皮后进入下一龄期。成螨和若螨一般有 4 对足，幼螨只有 3 对足。一般以雌成螨在土壤中、枯枝落叶、杂草或植物上越冬。

4. 常见种类

（1）叶螨

植食性螨类。通常为害花卉植物叶片、花朵，刺吸汁液。卵生，孤殖生殖或两性生殖。有的能吐丝结网。

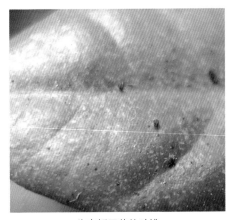

为害栀子花的叶螨

（2）瘿螨

为害植物的叶片或果实，刺激受害部位变色、变形或形成虫瘿，能传播植物病毒病。

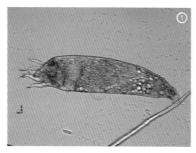

瘿螨

（❶ 成螨显微形态图；❷ 瘿螨在木芙蓉叶片上的为害状）

软体动物及其为害

1. 基本特征

软体动物身体柔软，具有坚硬的外壳，身体藏在壳中借以获得保护，由于硬壳会妨碍活动，所以它们的行动都相当缓慢。身体不分节，多数左右对称，可区分为头、足、内脏团、外套膜和贝壳等部分。头部位于身体的前端；足通常位于身体的腹侧，为运动器官；内脏团为内脏器官所在部分，常位于足的背侧；体外被外套膜，外套膜为身体背侧皮肤褶向下伸展而成，常包裹整个内脏团。无真正的内骨骼，因为大多数的软体动物有贝壳，又称为贝类。

2. 生物学特性

软体动物生活范围极广，海水、淡水和陆地上均有生活，是动物界的第二大门类，数量仅次于包括昆虫、螨等类群的节肢动物。大多数雌雄异体，体外授精。

常见的为害花卉植株的软体动物是腹足纲柄眼目的蜗牛和蛞蝓。

3. 常见种类

（1）蜗牛

蜗牛是陆地上最常见的软体动物之一，也是世界上牙齿最多的动物。虽然它的嘴的大小和针尖差不多，但却有2万多颗牙齿。在蜗牛小触角中间往下一点儿的地方就是它的嘴，里面有一条锯齿状的舌头，即所谓的"齿舌"。蜗牛喜欢吃植物的嫩芽和嫩叶，为害花卉植株的叶、茎、芽、花等部位。如同型巴蜗牛为害紫薇、芍药、海棠、玫瑰、月季、蔷薇等花卉植物，初孵幼螺只取食叶肉，留下表皮，稍大个体则用齿舌将叶、茎食成小孔或将其咬断。

蜗牛头部有2对触角，后一对较长的触角顶端着生有眼睛，腹面有扁平宽大的腹足，行动缓慢，足下分泌黏液，用以降低摩擦力而帮助行走，黏液还可防止敌害的侵害。蜗牛雌雄同体，一般生活在比较潮湿的地方。蜗牛休眠时分泌出的黏液可形成一层干膜封闭壳口，全身藏在壳中从而躲避不良环境。

蜗牛

（2）蛞蝓

俗称鼻涕虫。雌雄同体。长梭形，柔软、光滑而无外壳，外表看起来像没壳的蜗牛，体表湿润有黏液。触角 2 对，暗黑色，下边一对短，称前触角，有感觉作用；上边一对长，称后触角，端部着生眼。口腔内有齿舌。体背前端具外套膜，边缘卷起，其内有退化的贝壳，上有明显的同心圆线，即生长线。多生活于阴暗潮湿的温室、住宅附近等多腐殖的石块落叶下、草丛中。最喜食萌发的幼芽及幼苗，造成缺苗断垄。如野蛞蝓可取食为害菊花、一串红、月季、仙客来等花草。

 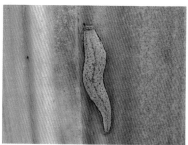

蛞蝓

花卉病虫防治技术
及农药使用基础

花卉病虫害防治原理与方法

近年来，花卉种植已成为我国一些地区的支柱产业，花卉病虫害的防治问题越来越受到重视。目前，花卉病虫害的防治依然是坚持"预防为主，综合治理"的原则，根据花卉的习性、气候条件的不同，栽培适宜品种，并及时掌握不同病虫发生的时期。在病虫害发生初期，针对各种病虫的生活习性及发生规律的不同，采取有效措施进行防治，达到保护花卉、降低经济损失的目的。

花卉病虫害防治原理

1. 防治策略

"预防为主，综合防治"于 20 世纪 70 年代定为我国植物保护工作的总方针，目前仍然是我国的植保方针，但其内涵大大扩充了，现在越来越多的人喜欢称它为"预防为主，综合治理"。

综合防治是从农业生产的全局和农业生态系统的总体观点出发，以预防为主，充分利用自然界抑制病虫的因素和创造不利于病虫发生为害的条件，有机地使用各种必要的防治措施，经济、安全、有效地控制病虫害，以达到高产稳产的目的。它着重强调了病虫害的防治必须具有全局的、生态的和经济的观点。

我国早在 20 世纪 50 年代初期就开始应用综合防治理论于植物病虫害防治实践。60 年代后期，国际上提出了"有害生物综合治理"（简称 IPM）的概念。其核心内容表述为：有害生物综合治理是一套有害生物治理的系统工程，它依据有害生物的种群动态及其相应的环境，利用所有适当的技术，以尽可能互相协调的方式，把有害生物种群控制在经济损失允许的水平之下。它进一步发展和完善了"综合防治"的思想。80年代，国内有些学者又提出了"生态防治"的新思想。它是"综合治理"的深入和发展，在概念上与"综合治理"有些相似，但又有差别。其主要区别："综合治理"是以防治病虫害为出发点和归宿的，以综合防治措施防治病虫害为特征；而生态防治则是以恢复和保持植物系统的生态平衡为出发点，以控制或抑制病虫害为目的，调整或协调农业生态平衡的措施才是生态防治的特征。

有害生物综合治理涉及生物群落、种群动态、环境因子、社会因素、经济学等各个领域，是一门最适于处理复杂事物的系统工程科学技术。20世纪80年代中期，我国著名植物病理学家曾士迈先生提出"植保系统工程"。其基本内容：在系统科学的理论和方法指导下，组织三元系统，即管理系统、标的系统和环境系统。90年代中期，随着"持续发展"和"持续农业"等理念的出现，各有关学科又发展出相应的新概念和新技术路线。在植物保护领域，有人提出"有害生物持续治理"和"持续植保"的新理念。这是植物保护工作的发展趋势。

由综合防治到综合治理、生态防治、持续治理，由综合到生态、持续，主要体现了有害生物治理的目标的改进和提高，这也必然导致研究的指导思想和技术路线的改进以及最终的防治策略的改变。从目前的防治水平来看，花卉病虫害的防治应贯彻"预防为主，综合治理"的方针，建立和完善综合治理的技术体系和植物保护系统工程，切实有效地将花卉病虫害控制在经济损失允许的水平之下。对于普遍性的花卉病虫害，从全局、生态和经济的观点出发，统筹安排，因地制宜地控制病虫害；对于区域性的花卉病虫害，应开展协作，积极消除，防止蔓延；对于检疫性病虫害，应按照国家相应法律、法规和政策，及时采取一切有效、安全的措施，彻底铲除。

2. 综合治理原则

（1）生态原则

病虫害综合治理应从生态系统的总体出发，根据病虫和环境之间的相互关系，通过全面分析各个生态因子之间的相互关系，全面考虑生态平衡及防治效果之间的关系，综合解决病虫为害问题。

（2）控制原则

在综合治理过程中，要充分发挥自然控制因素（如气候、天敌等）的作用，预防病虫的发生，将病虫害的为害控制在经济损失允许的水平之下，不要求完全彻底地消灭病虫。

（3）综合原则

在实施综合治理时，要协调运用多种防治措施，做到以植物检疫为前提、以栽培防治为基础、以生物防治为主导、以化学防治为重点、以物理机械防治为辅助，以便有效地控制病虫的为害。

（4）客观原则

在进行病虫害综合治理时，要考虑当时、当地的客观条件，采取切实可行的防治措施，避免盲目操作所造成的不良影响。

（5）效益原则

综合治理的目标是实现"三大效益"，即经济效益、生态效益和社会效益。进行病虫害综合治理的目标是以最少的人力、物力投入，控制病虫的为害，获得最大的经济效益；所采用的措施必须有利于维护生态平衡，避免破坏生态平衡及造成环境污染；所采用的防治措施必须符合社会公德及伦理道德，避免对人、畜的健康造成损害。

花卉病虫害防治方法

1. 植物检疫

又称为法规防治，指一个国家或地方政府颁布法令，设立专门机构，禁止或限制某些危险性的病虫、杂草人为地传入或传出，并对已局部发生及传入的危险性病虫、杂草进行及时、有效、彻底铲除或控制其蔓延的综合性措施。植物检疫与其他防治技术具有明显不同，它具有预防性、国际性、法律的强制性、考虑全局长远利益的宏观战略性和技术体系的综合性等属性，是一项保护花卉产业安全和促进花卉贸易发展的重要手段。

凡属国内尚未发生或虽有发生但分布局限，随同植物及其产品，特别是种苗等繁殖材料的调运而传播，一旦传入，对本国的主要寄主作物造成毁灭性为害而又难于防治的病、虫、杂草等，均定义为植物检疫性有害生物，在我国俗称为检疫对象。在我国 2007 年确定公布的进出境和国内植物检疫对象名录，涉及花卉的检疫对象有香蕉穿孔线虫、腐烂茎线虫、短体线虫（非中国种）等。

通过检疫检验发现有害生物后，一般采取以下处理措施：

（1）禁止入境或限制进口

在进口的植物或其相关产品中，经检验发现有法规禁运的有害生物时，应拒绝入境或退货，或就地销毁。有的则限定在一定的时间或指定的口岸入境等。

（2）消毒除害处理

对休眠期或生长期的植物材料，到达口岸时用化学方法（药物熏蒸、浸泡或喷洒处理等）或物理方法（机械处理、温热处理、微波处理或射线处理等）进行消毒除害处理。

（3）改变输入植物材料的用途

对于发现疫情的植物材料，可改变原来的使用计划，或改变原定的种植地区等。

（4）铲除受害植物，消灭初疫情源地

这是检疫处理中的最后保证措施。一旦危险性有害生物入侵后，在其未广泛传播之前，就将已入侵地区划为疫区，将还未发生的地区划为非疫区。对疫区进行严密封锁，禁止检疫对象传出，并采取积极措施，加以消灭。对非疫区要严防检疫对象的传入，充分做好预防工作。

近年来，我国在美国、日本、荷兰和法国引进的植物中截获检疫性病害频率较高，在所截获的各类病害中又以线虫病害为最多，其次为真菌病害；携带检疫性病害的寄主植物以观赏性花卉、苗木及繁殖器官传播的病害较多。例如，香蕉穿孔线虫，是香蕉、花卉种植业及很多经济作物的最危险的专性寄生线虫，不仅为害性大，而且寄主范围非常广泛，已报道的寄主植物有350多种。在花卉产业中，除绿化苗木品种外，还有很多盆花、观叶植物，如凤梨、红掌、海芋、滴水观音等也成为香蕉穿孔线虫传入的隐患。由于该线虫为害严重，因此，有55个国家对其实施官方控制，中国也将该线虫列为禁止入境的植物检疫危险性有害生物。此线虫一旦传入我国，应及时采取一切安全、有效措施将其彻底铲除。

随着经济全球化进程的加剧，花卉种苗及其产品的调运将更加频繁，许多危险性病虫害一旦处理不当，往往会造成巨大的损失。因此，加强花卉植物检疫是防治病虫害的重要措施之一，也是贯彻"预防为主，综合治理"方针的有力保证。

2. 栽培防治

花卉栽培技术防治是利用合理的花卉栽培和管理技术来防治病虫害的方法，即创造有利于花卉生长发育而不利于病虫害发生的条件，促使花卉生长健壮，增强其抵抗病虫害的能力，是病虫害综合治理的基础。此类防治方法的优点：防治措施结合在花卉栽培过程中完成，不需要另外增加劳动力，因此可以降低劳动力成本，增加经济效益；其缺点：见效慢，不能在短时间内控制暴发性发生的病虫害。花卉栽培技术防治措施主要有：

（1）优选苗圃地

土壤常常是猝倒病菌、茎腐病菌、枯萎病菌、根腐病和线虫等栖息的场所。长期栽培同种花卉或连作，土壤中的病原物累积会越来越多；土壤黏重、排水不良、苗木过密、管理粗放等又会加重病害的发生。因此，一般应选择土质疏松、排水透气性好、腐殖质多的地段作为苗圃地。在栽植前进行深耕改土，耕翻后经过暴晒、土壤消毒后，可杀灭部分病虫害。消毒剂可用 50 倍的甲醛稀释液，均匀洒布在土壤内，再用塑料薄膜覆盖，约 2 周后取走覆盖物，将土壤翻动耙松后进行播种或移植。

（2）选用无病虫种苗及繁殖材料

不少花卉病害如兰花病毒病、仙客来病毒病、唐菖蒲花叶病、花卉根结线虫病和一些害虫等都是由于种子、苗木及繁殖材料本身带有病虫而引发的。因此，在选用种苗时，一定要选用无病虫害、生长健壮的种苗和其他繁殖材料，以减少病虫害发生。如果选用的种苗中带有某些病虫，要用药剂预先进行处理，如桂花上的矢尖蚧，可以在种植前，先将有虫苗木浸入50% 辛硫磷 100 倍液中 5~10 分钟，然后再种植。

（3）采用合理的栽培措施

根据花卉苗木的生长特点，在圃地内合理轮作、密植和摆放以及合理配置花木，可以避免或减少某些病虫害的发生。轮作的关键是轮作的植物种类和年限，如选择非寄主植物和轮作 2 年，可较好地防治鸡冠花褐斑病；有些花木种植过密或摆放过密，易引起某些病虫害如一品红和丽格海棠等花卉细菌性叶斑病的大发生；在花木的配置方面，除考虑观赏水平及经济效益外，还应避免种植病虫的中间寄主植物（桥梁寄主）。

（4）合理配施肥料

有机肥与无机肥配施：有机肥（如家禽粪便、家畜粪便、人粪尿等）可改善土壤的理化性状，使土壤疏松，透气性良好。无机肥（如各种化肥）见效快，但长期使用会对土壤的物理性状产生不良影响，故以兼施两者为宜。在施用有机肥时，应施用充分腐熟的有机肥，原因是未腐熟的有机肥中往往带有大量的虫卵，容易引起地下害虫的暴发为害。

在施肥时，主量元素与微量元素要合理配合施用。主量元素中的氮、磷、钾要配合施用，避免偏施氮肥，造成花木的徒长，降低其抗病虫性。微量元素施用时也要注意均衡，如果花木生长期缺少某些微量元素，则可造成花、叶等器官的变色、畸形，降低观赏价值。

（5）合理浇水

花木在灌溉中，浇水的方法、浇水量及时间等，都会影响病虫害的发生。喷灌方式往往水压大，易伤害花卉，病菌也易随飞溅的水滴传播，从而加重叶部病害的发生。因此，最好采用沟灌、滴灌或沿盆钵边缘浇水。浇水要适量，水分过大往往引起植物根部缺氧窒息，轻则植物生长不良，重则引起根部腐烂，尤其是肉质根等器官。浇水时间最好选择晴天的上午，以便及时降低叶片表面的湿度。

（6）球茎等器官的采收管理及采后管理

许多花卉是以球茎、鳞茎等器官越冬，为了保障这些器官的健康贮存，要在晴天收获；在挖掘过程中尽量减少伤口；挖出后剔除有病的器官，并在阳光下暴晒几天方可入窖。贮窖必须预先清扫消毒，通风晾晒；入窖后要控制好温度和湿度，窖温一般控制在 5℃ 左右，湿度控制在 70% 以下。球茎等器官最好单个装入尼龙网袋内并悬挂在窖顶贮藏。

（7）保持花卉园圃卫生

花卉遗留的病株、病残体和杂草是许多病原物越冬、越夏和害虫的潜伏场所。清除病枝、虫枝，清扫落叶，及时除草，可以消灭大量的越冬病虫。尤其是温室栽培花卉，不仅要经常注意保持室内的清洁，还要配有适当的消毒措施，如在棚室入口处配备消毒的酒精和可用于鞋底消毒的用品（如沾有消毒液的地毯等），减少病虫带入室内的机会。园艺操作过程中应避免人为传染，如在切花、摘心、除草时要防止工具和人手对病菌的传带。

（8）调节环境因子

合理改善环境条件，主要是指调节温室的光照、温度、湿度和土壤 pH 等要素，创造不利于病虫害发生的条件。花卉生长期间，要经常清扫温室棚膜上的灰尘，保持棚膜清洁，尽量增加光照强度和时间；要注意保持通风透气，降低棚室内的湿度，减少病虫害的发生。

3. 物理机械防治

利用简单的工具以及物理因素（如光、温度、热能、放射能等）来防治病虫害的方法，称为物理机械防治。其措施简单实用，容易操作，见效快，可以作为害虫大发生时的一种应急措施。特别对于一些化学农药难以解决的害虫或发生范围小时，往往是一种有效的防治手段。

物理机械防治的主要方法有热处理、物理阻隔、臭氧防治机灭菌、人工捕杀、诱杀等。

（1）热处理

利用热力或高温杀死病虫。主要用于种子、苗木、接穗、插条等繁殖材料、土壤或基质及棚室的消毒处理。例如，用50℃的温水浸苗10分钟，可以减轻黄化病毒病；对一二年生草本花卉种子进行温汤浸种处理，可以杀死种子内部带有的病原菌；热蒸汽处理土壤或基质，可大幅度降低香石竹镰刀菌枯萎病、菊花枯萎病及地下害虫的发生程度；采用高温密闭闷棚7~10天，使室内温度提高至60℃以上，以杀死土表病虫，从而减轻对花卉的侵染及为害。如果在高温闷棚时，结合硫黄粉、敌敌畏等药剂进行熏烟，则效果更佳。

（2）物理阻隔

人为设置各种障碍，切断病虫的侵害途径。具体措施有：

挖障碍沟：对于无迁飞能力只能靠爬行的害虫，为阻止其为害和转移，可在未受害植株周围挖沟；对于一些根部病害，也可以在受害植株周围挖沟，阻隔病原菌的蔓延，以达到防治病虫害传播蔓延的目的。

覆盖薄膜：许多叶部病害的病原物是随病残体在土壤越冬的，在土壤表面覆盖薄膜可大大减少叶部病害的发生，薄膜对病原物的传播起到了物理阻隔作用。而且覆膜后土壤温度、湿度的提高，加速了病残体的腐烂，减少了侵染来源。如芍药地覆膜后，芍药叶斑病大幅减少。

纱网阻隔：将温室内栽培的花卉植物采用 40~60 目的纱网覆罩，不仅可以隔绝蚜虫、叶蝉、粉虱、蓟马等害虫的为害，还能阻断植物病毒的传播途径，有效地减轻病毒病的发生。

（3）臭氧防治机灭菌

臭氧防治机是近年新研制生产的无污染、无残留的灭菌消毒设备，主要用于预防和控制温室大棚气传病害。其原理是以温室内的空气为原料，通过高压放电技术实现空气的臭氧化。由于臭氧的强氧化特性，达到一定浓度的臭氧化的空气可将温室内空气及植株表面的病原物快速杀灭或钝化。

（4）人工捕杀

利用人力或简单器械，捕杀有群集性、假死性的害虫。例如，用竹竿打花木枝条振落金龟子，组织人工摘除袋蛾的越冬虫囊，摘除卵块，于清晨到苗圃捕捉地老虎以及利用简单器具钩杀天牛幼虫等，都是行之有效的措施。

（5）诱杀

利用害虫的趋性设置诱虫器械或诱物诱杀害虫。利用此法还可以预测害虫的发生动态。常见的诱杀方法有以下几种。

灯光诱杀：利用害虫的趋光性，人为设置灯光来诱杀害虫。目前生产上所用的光源主要是黑光灯。大多数害虫对黑光灯具有较强的趋性，因而诱虫效果好。安置黑光灯时应以安全、经济、简便为原则。黑光灯诱虫时间一般在 5—9 月，灯要设置在空旷处，选择闷热、无风、无雨、无月光的夜晚开灯，诱集效果最好，一般以晚上 21：00—22：00 诱虫最好。由于设灯时易造成灯下或灯的附近虫口密度增加，因此，应注意及时消灭灯光周围的害虫。除黑光灯诱虫外，还可以利用蚜虫对黄色的趋性，用黄色光板诱杀蚜虫及白粉虱成虫等。

毒饵诱杀：利用害虫的趋化性在其所嗜好的食物中（糖醋、麦麸等）掺入适当的毒剂，制成各种毒饵诱杀害虫。例如，蝼蛄、蛴螬、金针虫、地老虎等地下害虫，可用麦麸、谷糠等作饵料，掺入适量敌百虫或其他药剂制成毒饵来诱杀。所用配方一般是饵料 100 份、毒剂 1~2 份、水适量。另外诱杀地老虎成虫时，通常以糖、酒、醋作饵料，以敌百虫作毒剂来诱杀。所用配方是糖 6 份、酒 1 份、醋 2~3 份、水 10 份，再加适量敌百虫。

饵木诱杀：许多蛀干害虫如天牛、小蠹虫、象虫、吉丁虫等喜欢在新伐倒不久的倒木上产卵繁殖。因此，在成虫发生期间，在适当地点设置一些木段，供害虫大量产卵，待新一代幼虫完全孵化后，及时进行剥皮处理，以消灭其中害虫。

植物诱杀：又称作物诱杀，即利用害虫对某种植物有特殊嗜好的习性，经种植后诱集捕杀的一种方法。例如，在苗圃周围种植蓖麻，使金龟子误食后麻醉，可以集中捕杀。

潜所诱杀：利用某些害虫的越冬潜伏或白天隐蔽的习性，人工设置类似环境诱杀害虫。注意诱集后一定要及时消灭。例如，有些害虫如叶螨等喜欢选择树皮缝、翘皮下等处越冬，可于害虫越冬前在树干上绑草把，引诱害虫前来越冬，将其集中消灭。

（6）其他

利用烈日暴晒，红外线、电磁波辐射等，都可以杀死在种子、果实中的病虫。

4．生物防治

用有益生物及其代谢产物来控制病虫的方法，称为生物防治。它是综合防治的重要组成部分和主要发展方向。其优点：对人、畜和植物安全，不杀伤天敌，不存在残留和环境污染问题，不会引起病虫害的再次猖獗，颉颃活体生物不易产生抗药性，对病虫有长期的控制作用；生物防治的自然资源丰富，易于开发，防治成本较低。其局限性：作用效果缓慢，短期内很难达到理想的防治效果；防治效果不稳定，易受地域生态环境的限制。生物防治包括以下主要措施。

（1）天敌昆虫的保护与利用

利用天敌昆虫来防治害虫，称为以虫治虫。天敌昆虫主要有两大类型：

捕食性天敌昆虫。常见种类有蜻蜓、猎蝽、草蛉、步甲、瓢虫、胡蜂、食虫虻、食蚜蝇等。例如，19世纪中叶，美国随引种植物带进了吹绵蚧，在加州柑橘上暴发成灾。后来从澳大利亚引进一种捕食性天敌——澳洲瓢虫，吹绵蚧得到了控制。随后澳洲瓢虫又被引入亚洲、非洲、欧洲、拉丁美洲的许多国家，都获得了长期控制吹绵蚧的效果。1955年澳洲瓢虫引入广州，在控制华南地区的吹绵蚧取得显著成效。

寄生性天敌昆虫。主要包括寄生蜂和寄生蝇，可寄生于害虫的卵、幼虫及蛹内或体上。凡被寄生的卵、幼虫或蛹，均不能完成发育而死亡。有些寄生性昆虫在自然界的寄生率较高，对害虫起到很好的控制作用。

自然天敌昆虫种类繁多，是各种害虫种群数量重要的控制因素，因此要善于保护利用。在实施过程中，要注意以下几点。

慎用农药：在防治工作中，要选择对害虫选择性强的农药品种，尽量少用广谱性的剧毒农药和残效期长的农药。选择适当的施药时期和方法，或根据害虫发生的轻重，重点施药，缩小施药面积，尽量减少对天敌昆虫的伤害。

保护越冬天敌：天敌昆虫常常由于冬天恶劣的环境条件而大量减少，因此采取措施使其安全越冬是非常必要的。例如，七星瓢虫、异色瓢虫、大红瓢虫、螳螂等的利用，都是在解决了安全过冬的问题后才发挥更大的作用。如在吉林的怀德县，10—11月将野外石缝中的越冬瓢虫转入室内进行人工保护，到翌年春暖时放到蚜虫为害的田间去捕食蚜虫，达到了防治效果。

改善昆虫天敌的营养条件：一些寄生蜂、寄生蝇，在羽化后常需补充营养而取食花蜜，因而在种植园林植物时要注意考虑天敌昆虫蜜源植物的配置。有些地方如天敌食料缺乏时（如缺乏寄主卵），要注意补充田间寄主等，这些措施有利于天敌昆虫的繁衍。

　　在害虫发生前期，自然界的天敌昆虫数量少、对害虫的控制力很低时，可以在室内繁殖天敌昆虫，增加天敌昆虫的数量。特别在害虫发生之初，大量释放，可取得较显著的防治效果。我国饲养和释放的天敌昆虫研究和利用最多的是赤眼蜂。赤眼蜂的寄主范围较广，而以鳞翅目昆虫的卵为主，可寄生地老虎、枯叶蛾、卷叶蛾、斜纹夜蛾等害虫。

　　天敌能否大量繁殖，决定于下列几个方面：第一，要有合适的、稳定的寄主来源或者能够提供天敌昆虫的人工或半人工的饲料食物，并且成本较低，容易管理；第二，天敌昆虫及其寄主，都能在短期内大量繁殖，满足释放的需要；第三，在连续的大量繁殖过程中，天敌昆虫的生物学特性（寻找寄主的能力，对环境的抗逆性、遗传特性等）不会有重大的改变。

　　我国引进天敌昆虫防治害虫已有80多年的历史。据资料记载，全世界成功的有250多例，其中防治蚧虫最为成功，成功率占78%。在引进的天敌昆虫中，寄生性昆虫比捕食性昆虫更易成功。目前，我国已与美国、加拿大、墨西哥、日本、朝鲜、澳大利亚、法国、德国、瑞典等十多个国家进行了这方面的交流，引进各类天敌昆虫100多种，有的已发挥了较好的控制害虫的作用。例如，丽蚜小蜂于1978年底从英国引进后，经过研究，解决了人工大量繁殖的关键技术，在北方一些省、市推广防治温室白粉虱，效果十分显著；1955年，我国从苏联引入的澳洲瓢虫防治柑橘等吹绵蚧的效果也十分显著，对吹绵蚧的控制发挥了重要的作用。

　　（2）生物农药的应用

　　生物农药作用方式特殊，防治对象比较专一且对人类和环境的潜在危害比化学农药要小。因此，特别适用于园林花卉害虫的防治。

　　微生物农药：

　　利用病原微生物防治害虫，具有繁殖快、用量少、不受花卉生长阶段的限制、持效期长等优点。近年来作用范围日益扩大，是目前花卉害虫防治中最有推广应用价值的类型之一。可引起昆虫致病的病原微生物主要有细菌、真菌、病毒、立克次氏体、线虫等。目前生产上应用较多的是病原细菌、病原真菌和病原病毒。

病原细菌：主要有苏芸金杆菌，即 Bacillus thuringiensis（简称 Bt）。Bt 是一类杆状的、含有伴孢晶体的细菌，伴孢晶体可通过释放伴孢毒素破坏虫体细胞组织，导致害虫死亡。Bt 对人、畜、植物、益虫、水生生物等无害，无残毒，有较好的稳定性，可与其他农药混用。Bt 对湿度要求不严格，在较高温度下发病率高，对鳞翅目幼虫有很好的防治效果，成为目前应用最广的生物农药。

病原真菌：能够引起昆虫致病的病原真菌很多，其中以白僵菌最为普遍，它能寄生于鳞翅目、膜翅目、直翅目、同翅目、螨类等 200 多种害虫体内，可用于防治地老虎、蛴螬、红蜘蛛等。大多数真菌可以在人工培养基上生长发育，便于大规模生产应用。但由于真菌孢子的萌发和菌丝生长发育对气候条件有比较严格的要求，因此昆虫真菌性病害的自然流行和人工应用常受到外界条件的限制，应用时机得当才能收到较好的防治效果。

病原病毒：利用病毒防治害虫的主要优点是专化性强，在自然情况下，某种病原病毒往往只寄生一种害虫，不存在污染问题与公害问题，在自然界中可长期保存、反复感染，有的还可遗传感染，从而造成害虫流行病。目前发现不少园林植物害虫，如在南方为害园林植物的丽绿刺蛾、榕树透翅毒蛾、大袋蛾等，均能在自然界中感染病毒，对这些害虫的猖獗发生起到了抑制作用。各类病毒制剂也正在研究推广之中，如上海使用大袋蛾核型多角体病毒防治大袋蛾的效果很好。

生化农药：

指那些经人工合成或从自然界的生物源中分离或派生出来的化合物，如昆虫信息素、昆虫生长调节剂等，主要来自于昆虫体内分泌的激素，包括昆虫的性外激素、昆虫的脱皮激素及保幼激素等内激素。在国外已有100多种昆虫激素商品用于害虫的预测预报及防治工作，我国已有近30种性激素用于一些害虫如桔小实蝇等的诱捕、迷向及引诱绝育法的防治。

现在我国应用较广的昆虫生长调节剂有灭幼脲I号、灭幼脲II号、灭幼脲III号等，对多种园林植物害虫如鳞翅目幼虫、鞘翅目叶甲类幼虫等具有很好的防治效果。

有一些由微生物新陈代谢过程中产生的活性物质，也具有较好的杀虫作用。例如，来自于浅灰链霉素抗性变种的杀蚜素，对蚜虫、红蜘蛛等有较好的毒杀作用，且对天敌无毒。

其他动物的利用：

捕食昆虫的其他动物主要有鸟类、蜘蛛和捕食螨。目前以鸟治虫的主要措施：保护鸟类，严禁在城市风景区、公园打鸟；人工招引以及人工驯化等。蜘蛛和捕食螨对害虫也有一定的控制作用。例如，蜘蛛对于控制南方观赏茶树（金花茶、山茶）上的茶小绿叶蝉起着重要的作用；而捕食螨——胡瓜钝绥螨对玫瑰红蜘蛛等螨类也有较强的控制力。

（3）以菌治病

一些真菌、细菌、放线菌等微生物，在它的新陈代谢过程中分泌抗生素，杀死或抑制病原物。这是目前生物防治研究中的一个重要内容。如哈茨木霉能分泌抗生素，杀死、抑制茉莉白绢病病菌；菌根菌可分泌萜烯类物质等，对许多根部病害有拮抗作用；淡紫拟青霉等病原真菌对某些线虫如根结线虫具有良好的控制效果。

5. 化学防治

化学防治是指用农药来防治害虫、病害、杂草等有害生物的方法。化学防治是花卉病虫害防治的主要措施，具有收效快、防治效果好、使用方法简单、受季节限制较小、适合于大面积使用和便于机械化操作等优点。但其也有明显的缺点，例如，长期对同一种病虫使用相同类型的农药，易使得某些病菌和害虫产生不同程度的抗药性；用药不当杀死了害虫的天敌，容易造成害虫的再度严重为害；由于农药在环境中存在残留毒性，特别是毒性较大的农药，对环境易产生污染，破坏生态平衡。

综上所述，花卉病虫害防治是一个极为复杂的系统工程，其中涉及的防治方法很多，但各有其优缺点，单靠其中某一种措施往往不能达到防治的目的。因此，在花卉病虫害的防治实践中，应始终贯彻"预防为主，综合治理"的方针，从生态、全局和经济的角度出发，在花卉的栽培及养护管理等过程中，改善栽培技术，调节小生态环境，预防病虫害的发生，降低病虫害发生程度，使自然调控和人为防治手段有机地结合起来，达到综合治理的最佳效果。

农药的基础知识

农药概述

农药是指用于预防、消灭或者控制为害花卉病、虫等其他有害生物以及有目的地调节植物、昆虫生长的物质。农药按防治对象分为杀虫剂、杀螨剂、杀菌剂、杀线虫剂、除草剂、杀鼠剂、植物生长调节剂、杀软体动物剂。按作用方式杀虫剂分为胃毒剂、触杀剂、熏蒸剂、内吸剂、拒食剂、驱避剂、引诱剂；杀菌剂分为保护性杀菌、治疗性杀菌剂、铲除性杀菌剂。

农药剂型的种类很多，常用种类有粉剂、可湿性粉剂、粒剂、水分散粒剂、烟剂、乳油、水剂、微乳剂、悬浮剂及可溶性粉剂、油剂、微胶囊剂、水乳剂等。

农药的使用方法与农药剂型、花卉种类及病虫害的发生特点有着密切关系，一般分为喷雾法、喷粉法、施粒法、熏烟法、烟雾法、种苗处理法、毒饵法等。对于一般规模的花场，采用背负式喷雾器进行常量喷雾是防治病虫害的主要方法，一些大型花卉基地开始使用机动背负式弥雾机或其他施药机械辅助喷雾；对于土壤害虫，通常采用灌根或撒施颗粒剂的方法；对于高大的棕榈科植物，需要采用大型机械或挂包法来防治在根或茎中为害的象甲类害虫。

我国常用的农药施洒（撒）方法（引自戚积琏等）

施洒（撒）方法	施药量/（克·米 ⁻²）	施药浓度/倍	雾滴或粉粒直径/微米	器　械
常规喷雾	>60	150~2 000	150~500	常规喷雾器（机）
低量喷雾	<30	15~200	100~300	常规喷雾器配小喷孔片等或弥雾
微量喷雾	<0.4	原液	<75	专用微量喷雾机、油剂农药
喷雨	>150	150~2 000	雨滴	手动喷雾器去掉喷杆；机动泼浇机
泼浇	>450	300~5 000	雨滴	粪桶、粪勺人工泼洒
弥雾	<15	15~200	75~150	机动弥雾喷粉机
风送喷雾	15~60	15~200	75~300	风送喷雾机；未大量推广
烟雾		烟雾剂	<50	烟雾机；未大量推广
常温烟雾	4.5~7.5		<20	常温烟雾机；未大量推广
熏蒸			气态	器皿加热或不加热
喷粉	1.5~3.75		300目	喷粉器（机）
撒粒	1.5~3.75		200~2 000	撒粒器（机）；尚无专用器械
撒毒土	60~75			人工手撒
点蔸	3.75			人工点施
灌心叶		600~800		人工灌注
毒饵				机撒或人工
土壤消毒				土壤消毒器（机）；尚无机具
根区施药				机具施布；尚无机具
灌施				与灌水结合施药
涂抹				涂抹器。尚无机具
拌种				拌种机
注射				如FH-5型木防机（灭白蚁）

（续表）

施洒（撒）方法	施药量/（克·米$^{-2}$）	施药浓度/倍	雾滴或粉粒直径/微米	器　械
静电喷雾				专用静电喷雾机
吹雾	1.5~3.75	10~20	50~100	手动吹雾器

花卉常用农药类型

生产上用于防治花卉病虫害的农药种类主要有杀虫剂、杀螨剂、杀菌剂、杀线剂等，本节介绍主要类型的特点及注意事项，具体品种及使用方法、防治对象可参见附录1、附录2。

1. 杀虫杀螨剂

（1）有机磷杀虫剂

品种多，杀虫谱广，能同时防治多种害虫；分解快，残留少，持效期有长有短；应用广泛，但有不少品种毒性高，使用不当易引起人、畜中毒，一些品种对花卉敏感。多数在水中、碱性和受热条件下易分解，一般不与碱性农药混用，贮存于阴凉处。多数品种具有触杀和胃毒作用，如辛硫磷、毒死蜱、敌敌畏、敌百虫、杀螟硫磷、马拉硫磷、三唑磷等；部分还具有良好的内吸性，如乐果、乙酰甲胺磷、氧乐果等。

（2）氨基甲酸酯类杀虫剂

多数品种有触杀和胃毒作用，能有效防治叶蝉、飞虱、蓟马、蚜虫、螟虫以及对有机磷类药剂产生抗性的一些害虫，一般不能防治螨类和介壳虫类，个别品种有内吸作用。多数低毒，在自然界中易被分解，残留量低；少数品种毒性较高，在环境中持留时间长，如克百威、涕灭威。多数品种对鱼比较安全，对蜜蜂毒性较高。多数品种的通用名称都称为"××威"，如灭多威、异丙威、杀螟丹、克百威、丙硫克百威、丁硫克百威等。

（3）拟除虫菊酯类杀虫剂

杀虫谱广，用量少，活性高。多数品种有强烈的触杀作用，击倒速度快，一些品种还有拒避、胃毒和杀卵作用，但没有内吸作用，只对暴露性害虫效果好，常用品种都是作叶面喷雾使用。连续使用极易导致害虫产生抗药性。多数品种毒性中等，无累积毒性，除个别品种（如醚菊酯）外，大部分对鱼有毒，不能在水田使用。除少数品种如甲氰菊酯、功夫菊酯等对螨类有效外，多数品种对螨类、虱、蚧效果差。常用品种有溴氰菊酯、氯氰菊酯、功夫菊酯、联苯菊酯、甲氰菊酯等。

（4）昆虫生长调节剂

通过抑制昆虫生长发育，如蜕皮、新表皮形成等导致害虫死亡的药剂。选择性高，相对安全，但一般速效性差，只在昆虫特定生长阶段有效。主要类型有几丁质合成抑制剂、保幼激素类似物和蜕皮激素类似物。几丁质合成抑制剂对虾、蟹等甲壳类动物有害，使用时应注意避免污染养殖水域，除噻嗪酮类外，其他品种通用名多称"××脲"，如除虫脲、灭幼脲、氟铃脲、氟虫脲、定虫隆等。保幼激素类似物和蜕皮激素类似物常用品种有抑食肼、虫酰肼、灭蝇胺等。

（5）新烟碱类杀虫剂

杀虫活性高，对哺乳动物低毒，可与除虫菊酯类、有机磷类和氨基甲酸酯类等杀虫剂轮换使用。主要品种都有触杀、胃毒及良好的内吸作用，对刺吸式口器害虫效果特别好，如蚜虫、叶蝉、蓟马、飞虱、粉虱等。常用品种有吡虫啉、噻虫嗪、烯啶虫胺、啶虫脒、呋虫胺、噻虫啉等。

2. 杀菌剂

（1）铜素杀菌剂

也称铜制剂，具有广谱保护作用，多数能在花卉表面形成一层耐雨水冲刷、黏着性强的药膜，可较长时间阻止病菌侵入，具有药效稳定、病菌抗药性发展慢、低毒低残留等优点。在花卉上广泛用于防治多种真菌和细菌引起的病害，尤其对疫霉、腐霉及细菌引起的病害效果好，一般采用喷雾法施药，也可以用于涂抹伤口或消毒农事操作用具。包括无机铜制剂和有机铜制剂。无机铜制剂多呈强碱性，不能与酸性农药混用，使用不当易造成药害，高温高湿条件要尽量避免使用，长期连续使用还会引起螨类（如红蜘蛛、白蜘蛛）、锈壁虱和介壳虫等大量增殖和猖獗发生。品种有波尔多液、氧化亚铜（铜大师）、氢氧化铜（可杀得）、碱式硫酸铜（铜高尚）、氧氯化铜（王铜）等。有机铜制剂大多呈中性，使用方便安全，便于操作；含铜量低，对环境的污染小，不易刺激螨类暴发，一般不会发生药害。主要有噻菌铜（龙克菌）、络氨铜（消病灵、胶氨铜）、脂肪酸铜、松脂酸铜（绿乳铜）、琥珀酸铜、硫酸铜钙（多宁）、二元酸铜（琥胶肥酸铜）、壬菌铜、喹啉铜、胺磺酸铜等。波尔多液需要现配现用。

（2）硫制剂

具广谱保护作用，包括无机硫制剂和有机硫制剂。无机硫制剂具有杀菌、杀螨和杀虫作用，是防治花卉白粉病的重要保护性杀菌剂，与其他现代选择性杀菌剂复配防治多种花卉病害；主要有硫黄粉、可湿性硫、石硫合剂（配制方法参见附录）。有机硫制剂广谱、低毒，单独或内吸剂混合用于防治多种真菌病害。品种有福美双、代森锰锌、代森锌等。

（3）苯基酰胺类

具内吸性及向基传导性能，有保护、治疗和铲除作用，对花卉疫病高效，但易诱发病原菌产生抗药性，故施药方式多为拌种、根施，以及混剂喷雾。品种有甲霜灵、噁霜灵和苯霜灵。

（4）二甲酰亚胺类

属选择保护剂，无内吸性，具有很高的选择性和作用专化性，对菌核病和灰霉病特效，可与苯并咪唑类、三唑类和甲氧基丙烯酸酯类等现代选择性杀菌剂轮用，但不能与芳烃类和甲基立枯磷轮用。品种有乙烯菌核利、腐霉利、菌核净、异菌脲等。

（5）甾醇生物合成抑制

广谱抗菌活性，对白粉病和锈病特效，除鞭毛菌、细菌和病毒外，对子囊菌、担子菌、半知菌都有一定效果；多数品种有内吸治疗作用，还有熏蒸、保护抗产孢作用；持效期长，一般为3~6周。有氯苯嘧啶醇、抑霉唑、三唑酮、丙环唑等多个品种。

（6）苯并咪唑类及其相关化合物

对大部分的植物安全，有良好的内吸性，对大部分植物病原子囊菌、半知菌和担子菌有效，但对半知菌中的交链孢属、长蠕孢属、轮枝孢属等真菌、卵菌及细菌无效。苯并咪唑类杀菌剂之间存在正交互抗药性，品种有多菌灵、噻菌灵、甲基硫菌灵等。

（7）甲氧基丙烯酸酯类

具良好的内吸输导性能，有保护、铲除、抗产孢和治疗作用，广谱高效，对卵菌、半知菌、子囊菌和担子菌引起的病害都有效，与现有其他杀菌剂无交互抗性，还具有促进植物生长、延缓衰老的作用。品种有嘧菌酯、醚菌酯、肟菌酯等。

（8）抗生素类

活性高、用量小、选择性高、残留少、毒性低。多数只用于防治一种或一类病菌，易导致病菌产生抗药性，不能长期连续使用。常用品种有井冈霉素、多氧霉素、农用链霉素等。

3. 其他

（1）杀线虫剂

多用于土壤或种子处理，一般毒性较高，品种见附录。

（2）杀软体动物剂

主要用于防治螺、蛞蝓、蜗牛等软体动物，有四聚乙醛、氯硝柳胺、三苯基乙酸锡等。

农药的科学使用

农药对防治和减轻病虫为害，保证花卉正常生长和具有观赏性有着极为重要的意义；但不合理使用农药则会产生一些副作用，如造成人、畜中毒，杀伤蜜蜂、家蚕等经济昆虫及病虫天敌，对花卉造成药害，还可能造成农药残留、病虫抗药性及环境污染等。因此，在花卉种植中，需要充分发挥农药的优势和潜能，尽可能减少其负面影响，即需要科学合理地使用农药。

农药科学使用的策略

1. 对症下药

对花卉病虫害的防治，首先要了解病虫害的发生原因、侵染循环及其生态环境，掌握为害的时间、发生部位与范围等规律，同时要掌握农药的特点和防治对象，方能对症下药。

发生虫害时，要准确识别害虫的类别、生物学特性及为害特点，对刺吸式口器害虫选用触杀虫剂和内吸剂，对咀嚼式口器害虫选用触杀剂、胃毒剂，对于隐匿为害的昆虫，在其隐蔽之前用药。

花卉病害防治中，首先要区分是传染性病害还是生理性病害。对生理性病害（如缺素症、冻害、灼伤等），要通过改善栽培措施来解决，农药是无济于事的；对传染性病害，首先要区分是真菌病、细菌病还是其他病害，然后对症下药。例如，兰花枯萎既可能是真菌（镰刀菌）引起，也可能是细菌引起，虽然都是枯萎，但由于病原不同，所以药剂差别很大。防治镰刀菌枯萎可使用恶霉灵、多菌灵、甲基硫菌灵等药剂；细菌性枯萎则需要使用铜制剂、农用链霉素等药剂；如对细菌引起的枯萎使用真菌性药剂，则不仅没效，还污染环境。

随着科学技术的发展，农药的新品种、新剂型不断涌现，要合理使用农药，还必须了解所使用农药的性能及使用方法，以便根据不同的防治对象，选用不同的农药。如甲霜灵、乙膦铝对花卉疫病效果好，但对白粉病无效。

2. 适时用药

适时用药一般要考虑3个方面：第一要深入了解病虫特性及发生规律，在其最易遭到杀伤的时期防治。害虫一般在低龄期抗药力弱，有些害虫在早期有群集性，许多钻蛀性害虫和地下害虫要到一定龄期才开始蛀孔和入土，及早用药，效果比较明显。如紫薇绒粉蚧初孵幼虫群集，在大量分泌蜡粉、蜡丝前喷施药剂，可有效控制其为害。病害一般在发病前和发病初期施药效果好。第二要在花卉最易受病虫为害的时期施药，植物一般在幼芽萌发、苗期或花期比较敏感，或者每年新叶新芽长出时易受病菌侵染。如月季黑斑病菌在落叶上越冬，初夏侵染嫩叶，因此在冬季彻底清扫月季栽培区的落叶，初夏及时摘除病叶并集中深埋，并对植株喷洒保护性杀菌剂，这样防控效果显著。第三要根据病虫和天敌的消长动态，避开天敌对农药的敏感期，选择对天敌无影响或影响小而对病虫杀伤力大的时期施药。

目前花卉病虫害的预测预报研究非常少，而且花卉生长的小气候与大田作物差别较大，尤其是设施栽培条件，农药的使用不能完全参照大田作物，需要定期观察，及时掌握花卉病虫发生的时期和特点，尽量在发生初期进行防治。但有一种情况是需要杜绝的，有些花农不管病虫发生情况，三天两头施药，这不仅费工费时，增加成本，还会导致病虫对药剂产生抗药性，污染环境。

3. 适量用药

适量用药包括药剂的使用浓度和单位面积上的用药量。一般来说，浓度愈高，效果愈大，但浓度过高会造成浪费，还可能造成药害；浓度过低达不到防治效果。单位面积上的用药量过多或不足，也会发生上述同样的不利后果。因此，施药前一定要按规定确定浓度和用量。

4. 均匀用药

施药时，必须考虑病虫害的发生特点和药剂的使用特性，确保病虫全面接触药剂，达到防治效果。如花卉叶斑类病害，喷洒药液时应注意上下叶片、叶片正反面都要均匀喷施。

5. 交替用药

选择没有交互抗药性的药剂可以延缓抗药性的产生，不同类型的农药如杀虫剂中的有机磷类、拟除虫菊酯类或新烟碱类等，杀菌剂中铜制剂、硫制剂及其他制剂可交替使用。如可用有机磷类、拟除虫菊酯类、新烟碱类农药轮换防治月季上的蚜虫。

6. 科学混用农药

农药的现场混配使用是根据病虫防治的实际需要，把两种或两种以上农药混合起来施用。田间的现配现用应当坚持先试验后混用的原则，一般应当注意以下几点：

①遇碱易分解失效的农药不能与碱性物质如波尔多液、石硫合剂、洗衣粉、氨水等混用。多数有机合成农药在碱性条件下不稳定。②混合后会产生沉淀物和絮状物的不能混用。③混合后会引起药害的农药和肥料不能混用。④混合后显著增加对人、畜毒性的不能混用，如对硫磷和溴氰菊酯混用。⑤对新农药的混合使用，可先做混用观察和小区试验，看是否产生田间药害，然后才能在大田中推广使用。⑥混配农药不能长期单一使用，否则会产生抗药性，甚至出现一种病虫同时对多种农药产生抗性的情况。

农药科学使用的方法

1. 农药的识别

（1）正确认识农药标签

农药标签是农药商品的身份证。农药标签应当注明农药名称、有效成分及含量、剂型、农药登记证号（或临时登记证号）、农药生产许可证号（或生产批准文件号）、产品标准号、企业名称及联系方式、生产日期、产品批号、有效期、重量、产品性能、用途、使用技术和使用方法、毒性及标识、注意事项、中毒急救措施、贮存和运输方法、农药类别、象形图及其他经农业部核准要求标注的内容。附具说明书的产品，说明书应当标注前款规定的全部内容。其中农药"三证"是识别假劣农药的重要依据。

农药标签上的毒性。标志根据农药毒性分为剧毒、高毒、中等毒、低毒、微毒5个级别，分别用"　　"标识和"剧毒"字样、"　　"标识和"高毒"字样、"　　"标识和"中等毒"字样、"　　"标识、"微毒"字样标注。标识应当为黑色，描述文字应当为红色。

（2）假劣农药范畴

我国《农药管理条例》明确规定："禁止生产、经营和使用假农药。"有下列情形之一的为假农药：①以非农药冒充农药或者以此种农药冒充他种农药的；②所含有效成分的种类、名称与产品标签或者说明书上注明的农药有效成分的种类、名称不符的；③假冒、伪劣、转让农药登记证或农药标签；④国家正式公布禁止生产或因不能作为农药使用而撤销登记的农药。

有下列情况之一的为劣质农药：①不符合农药产品质量标准的；②已超过质量保证期并失去使用效能的；③混有导致药害等有害成分的；④包装或标签严重缺损的。

（3）识别假劣农药的方法

首先检查农药包装封口是否完好；其次检查农药标签内容是否完整；再次要观察农药内容物的形态是否正常。粉剂和可湿性粉剂一般都应该是比较干燥的，如果已结成块状或用手捏紧即形成团状，则可认为是受了潮的劣质粉剂；乳剂一般应该是清亮的油状液体，如出现水油分离，或有一层泡沫状物质漂在液面，或有沉淀物在瓶底，则可认为乳剂不稳定或已变质；水剂应是清亮的水溶液，如浑浊不清，或有絮状物质或沉淀物出现，也可认为是劣质产品。如有疑问，可以拿到有资质的检定机构（如省级农药检定所）去做化验。

2. 农药的运输和贮存

在农药的运输中，首先要了解农药种类、毒性及注意事项，检查确认农药包装是否完整；其次要专车运输，不能与食品、饲料、种子及生活用品混装，装卸时要轻拿轻放，标记向外，不得倒置，要放稳扎妥。

农药贮存时，要单独存放，防止药、肥混放，不得受潮和日晒。

3. 农药的安全配制

（1）配药人员的要求

配制农药的人员应经过专门培训，掌握必要的植保技术，熟悉所用农药的特点，能熟练操作施药器械。老人、未成年人及处于经期、孕期和哺乳期的妇女不能参加配制和施用农药。身体有明显伤口或生病的成年人也不能配制和施用农药。

（2）配药人员的安全防护

在开启农药包装、称量配制和施用中、操作人员应戴用必要的防护器具，小心谨慎，防止污染（防护措施参见附录4）。

（3）配药地点的选择

配药时尽量在避风处进行，配药点应选择在远离水源、居所、畜牧栏等场所。农药的药液应现用现配，不宜久置；短时间存放时，应密封并安排专人保管。

（4）农药安全配制步骤

①准确核定施药面积、施药量和稀释倍数。②准备施用器具。③准备量取和配制农药。④认真清洗用具和处理废液。

（5）配制的注意事项

配制乳剂或水悬液时采用两步配制法效果好，第一步用少量水把农药制剂调制成浓稠的母液，第二步用水稀释到所需要浓度。

如果在喷雾器内或桶内直接配药，应先加一半水，然后投药、搅拌，最后补加水至水位线。切勿先把水加满到水位线之后再投药。

少量用剩和不要的农药应该深埋地中；处理粉剂农药时要小心，防止粉尘飞扬、污染环境。

喷雾器不要装得太满，以免药液泄漏；当天配制药液要当天用完。

农药的安全使用

1. 农药的毒性及中毒解救

农药是一类生物有毒物质，可以通过口服、皮肤接触或呼吸道进入体内，使人或动物中毒以致死亡。

根据中毒以后高等动物出现中毒症状的时间，通常分为急性毒性、亚急性毒性和慢性毒性。在购买和使用农药时，要详细了解所购农药毒性的大小，按照说明书上或在技术人员的指导下使用，千万不可粗心大意。

农药中毒原因有多种，如未采取必要的保护措施，或连续施药时间过长，或喷雾器漏药导致人体接触药物过量或时间过长导致中毒；施药时温度过高，空气流通性差也会引起施药人员中毒。

发现有人农药中毒，要立即打"120"求救，同时进行现场急救。首先迅速将患者抬离中毒现场，清除毒物，阻止毒物的继续吸收。如皮肤污染时，立即用微温的肥皂水或2%碱水彻底清洗（不能用热水）；如误服中毒，应尽快催吐和洗胃；对于昏迷者，可清理口腔内农药后进行人中呼吸，在医生到来前做尽可能的救治。

2. 农药的药害与补救

（1）药害

药害产生的原因有多种，主要是药剂本身性质和花卉苗木的种类、生长发育阶段、生理状态以及施药后的环境条件等因素的综合效应。如在使用波尔多液时，茄科、葡萄科、葫芦科的花木对石灰敏感，要采用石灰半量式；桃、梨、苹果、柿、杏、李等对硫酸铜敏感，要采用石灰倍量式或多量式，否则就易产生药害。

我国目前专门登记用于花卉的农药种类不多，花卉农药的使用主要参照蔬菜和农作物，花卉对农药的敏感情况不明确，因此，在大面积使用前，对未使用过的农药需要做药害试验。

根据施药后药害出现的时间和花卉受损程度，药害可分为两种类型：一是急性药害，发生快，一般在施药后几小时植株叶片出现斑点、穿孔、焦灼、卷曲、畸形、枯萎、黄化、失绿或白化等；根部受损时根毛稀少，根少变黄、变脆或腐烂；花果受损则落花、落蕾、果实畸变、褐果、锈果、落果；种子受损则不发芽，或发芽缓慢。二是慢性药害，施药后不会立即出现，症状一般为叶片增厚、硬化发脆、容易穿孔破裂，叶片、果实畸形，植株矮化，根部肥大粗短等。

此外，土壤中农药的残留也会引起下茬花卉的药害，表现为烂芽、出苗率低，轻者根尖、芽鞘等部位变褐或腐烂，影响正常生长。这种药害较难诊断，诊断时应了解前茬花卉的栽培管理情况、农药使用情况，也可对土壤测试，防止误诊。

（2）补救

花卉植株发生药害后，应及时查明原因，并根据受害程度，采取以下补救措施：

水洗处理：叶面处理可喷洒大量的清水淋洗植株茎叶和枝条，土壤处理可进行田间灌水、排水冲洗。

中和处理：根据农药的酸碱性，结合水洗进行中和处理。例如，发生氧化乐果药害后，可用石硫合剂、波尔多液或石灰水溶液来中和。

融和处理：利用农药配制技术来缓和药害，如喷施硫酸铜发生药害，可加喷浓度为 0.5%~1% 的石灰水解毒，因为硫酸铜与石灰作用后变成波尔多液，对花卉安全无害，起保护作用。

互抵处理：利用某些农药作用相反的特性来进行挽救。例如在使用多效唑矮化菊花苗时过量施用后，菊花抑制过头，枝叶丛生皱缩，生长极慢，可用"九二〇"来处理互抵。

局部去除：在防治木本花卉的天牛、吉丁虫时，由于灌药浓度过高而引起的药害，一经发现，应立即去除受害的中型、小型枝，防止药剂继续向下传导和渗透。对大枝或树干，可向原来灌药的虫孔加压冲水，以缓解药害。

追施速效氮肥：追施速效氮肥并浇水，或结合喷水冲洗加入 0.3%~0.4% 的尿素溶液，以促进花卉植株的生长，提高其自身抵抗药害的能力。

参 考 文 献

韩召军．2008．植物保护学通论 [M]．北京：高等教育出版社．

雷朝亮，荣秀兰．2003．普通昆虫学 [M]．北京：中国农业出版社．

梁桂梅．2009．农民安全科学使用农药必读 [M]．2 版．北京：化学工业
出版社．

刘长令．2008．世界农药大全：杀菌剂卷 [M]．北京：化学工业出版社．

农业部农药检定所．2009．农药管理政策实用手册 [M]．北京：中国农业
大学出版社．

屠豫钦．2009．农药科学使用指南 [M]．4 版．北京：金盾出版社．

汪诚信．2005．有害生物治理 [M]．北京：化学工业出版社．

王宝青．2009．动物学 [M]．2 版．北京：中国农业大学出版社．

吴学民，徐妍．2009．农药制剂加工实验 [M]．北京：化学工业出版社．

武三安．2006．园林植物病虫害防治 [M]．2 版．北京：中国林业出版社．

谢联辉，林奇英．2004．植物病毒学 [M]．北京：中国农业出版社．

徐公天，杨志华．2007．中国园林害虫 [M]．北京：中国林业出版社．

徐汉虹．2007．植物化学保护 [M]．4 版．北京：中国农业出版社．

徐映明，朱文达．2004．农药问答 [M]．4 版．北京：化学工业出版社．

徐映明．2009．农药施用技术问答 [M]．北京：化学工业出版社．

徐志华．2006．园林花卉病虫生态图鉴 [M]．北京：中国林业出版社．

许再福．2009．普通昆虫学 [M]．北京：科学出版社．

许志刚．2003．普通植物病理学 [M]．北京：中国农业出版社．

杨向黎，杨田堂．2007．园林植物保护及养护 [M]．北京：中国水利水电
出版社．

杨子琦，曹华国. 2002. 园林植物病虫害防治图鉴 [M]. 北京：中国林业出版社.

袁锋，张雅林，冯纪年，等. 2006. 昆虫分类学 [M]. 2 版. 北京：中国农业出版社.

附　录

附录1　常用杀虫杀螨剂品种

通用名称	其他名称	毒性	特点	防治对象	注意事项
敌百虫	—	低毒	有机磷类，具胃毒、触杀作用，有渗透性，无内吸性	广谱，对咀嚼式口器的害虫效果好，也可灌根防治蛴螬等	多种花卉对敌百虫敏感，使用前要先做试验
乐果	乐戈	低毒	有机磷类，强内吸性，有触杀、胃毒作用	广谱，对刺吸式口器害虫和螨类效果好，如蚜虫、叶蝉、粉虱	啤酒花、菊科植物及桃、梅、柑橘等对高浓度乐果敏感
辛硫磷	倍腈松	低毒	有机磷类，触杀强，有胃毒作用，无内吸性	广谱，茎叶处理防蛾蝶类幼虫、蚜虫、粉虱等，也可防治地下害虫	易光解，避光使用
马拉硫磷	马拉松	低毒	有机磷类，具触杀、胃毒、熏蒸作用，无内吸性	广谱，对刺吸式口器和咀嚼式口器的害虫都有效	高浓度对豆科花卉及葡萄、樱桃等易产生药害
杀螟松	杀螟硫磷	低毒	有机磷类，具触杀、胃毒作用	广谱，有渗透性，能杀死钻蛀性害虫	十字花科植物易发生药害，使用时浓度不能偏高；对鱼、蜜蜂毒性大
杀螟腈	氰硫磷	低毒	有机磷类，具触杀、胃毒、内吸作用	广谱，对蛾类幼虫效果好，对叶蝉、蓟马也有效	对瓜类易产生药害
甲基嘧啶磷	安得利	低毒	有机磷类，具胃毒、熏蒸作用	广谱，杀虫、杀螨剂，可防螟虫、叶蝉、飞虱及地下害虫，对根蛆也有效	对鸟类、鸡毒性较大，对鱼中毒
敌敌畏	DDVP	中毒	有机磷类，具触杀、胃毒、熏蒸作用	广谱，杀虫、杀螨剂，对蚜虫、夜蛾幼虫、螨类、粉虱等效果好	对梅花、樱花、桃、杏药害明显

（续表）

通用名称	其他名称	毒性	特点	防治对象	注意事项
毒死蜱	乐斯本	中毒	有机磷类，具触杀、胃毒、熏蒸作用	广谱，对蚜虫、介壳虫、蛾蝶类幼虫及地下害虫效果好	对烟草及瓜类苗期较敏感；植物花期慎用；对鱼类、蜜蜂敏感
三唑磷	三唑硫磷	中毒	有机磷类，具触杀、胃毒、杀卵作用，有渗透性	广谱，杀虫、杀螨、杀线剂，对蛾蝶类、螨类、蝇类及地下害虫都有效	对蜜蜂、家蚕、鱼有毒
乙酰甲胺磷	高灭磷	低毒	有机磷类，具触杀、胃毒、内吸作用	广谱，对咀嚼式口器害虫、刺吸式口器害虫和害螨都有效，可杀卵，缓效型	不宜在桑树、茶树上使用；易燃，严禁火种
氯唑磷	米乐尔	中毒	有机磷类，具触杀、胃毒、内吸作用	广谱，土壤杀虫、杀线剂	药剂避免直接接触种子和植物根系；对鱼高毒
喹硫磷	爱卡士	中毒	有机磷类，具胃毒、触杀作用	广谱，杀虫、杀螨剂，有杀卵作用，渗透性好	不能与酸性农药混合使用
二嗪磷	地亚农、二嗪农	中毒	有机磷类，具触杀、胃毒、熏蒸作用	广谱，对咀嚼式口器害虫和刺吸式口器害虫及地下害虫都有效	对蜜蜂高毒
丙溴磷	溴氯磷、多虫磷	中毒	有机磷类，具触杀、胃毒作用，有横向转移能力	广谱，对蛾蝶类效果好，对蚜虫、飞虱等有效	果树不宜使用，对苜蓿有药害
倍硫磷	百治屠	中毒	有机磷类，具触杀、胃毒作用	广谱，杀虫剂	对桃、樱桃及啤酒花易药害；对蜜蜂、鱼有毒
蚜灭磷	蚜灭多	中高毒	有机磷类，具内吸、触杀作用	广谱，对蚜虫、螨类、飞虱、叶蝉等效果好	不可与碱性物质混用
氧乐果	氧化乐果	高毒	有机磷类，具触杀、内吸、胃毒作用	广谱，杀虫、杀螨剂，对食叶、刺吸、钻蛀及刺伤产卵为害的昆虫都有效	对梅花、樱花、贴梗海棠等蔷薇科有明显药害

（续表）

通用名称	其他名称	毒性	特点	防治对象	注意事项
杀扑磷	速蚧克、速扑杀	高毒	有机磷类，具触杀、胃毒作用	广谱，对咀嚼式口器害虫和刺吸式口器害虫都有效，对介壳虫特效	对鱼、蜜蜂、小鸟有毒
甲基异柳磷	甲基丙胺磷	高毒	有机磷类，具触杀、胃毒作用，土壤处理和拌种	广谱，土壤杀虫、杀线剂	高毒
西维因	甲萘威	低毒	氨基甲酸酯类，触杀为主，兼具胃毒作用	广谱，对多种花卉害虫有效	对多种瓜类敏感，用前需做药害试验；对蜜蜂高毒
茚虫威	安打	低毒	氨基甲酸酯类，具触杀、胃毒作用	广谱，对蛾蝶类幼虫效果好	药液配制先配成母液，再稀释效果好
丁硫克百威	好年冬	中毒	氨基甲酸酯类，具触杀、胃毒、内吸作用	广谱，对锈螨、蚜虫、蓟马、叶蝉等有效	不能与酸性或强碱性物质混用；对蜜蜂、鱼类有毒
杀螟丹	巴丹	中毒	氨基甲酸酯类，胃毒强，具触杀、杀卵作用	广谱，对蛾蝶类、甲虫类、蝼类及蝇类有效	对蚕、鱼毒性大
丙硫克百威	安克力	中毒	氨基甲酸酯类，具触杀、胃毒、内吸作用	广谱，对多种刺吸式口器害虫和咀嚼式口器害虫有效	遇碱分解
唑蚜威	灭蚜唑	中毒	氨基甲酸酯类，具内吸作用	高选择性的杀蚜剂，对蚜虫特效	不能与碱性物质混用
仲丁威	巴沙	中毒	氨基甲酸酯类，触杀强，具胃毒、杀卵作用	对叶蝉、飞虱、蚜虫效果好	不能与碱性物质混用
异丙威	叶蝉散	中毒	氨基甲酸酯类，具胃毒、触杀作用	对蚜虫、叶蝉、飞虱等效果好	对薯类有药害
抗蚜威	辟蚜雾	中毒	氨基甲酸酯类，具触杀，20℃以上有熏蒸性	高选择性，仅对蚜虫特效，对植物叶片有较强渗透性	对棉蚜效果差
灭多威	万灵	高毒	氨基甲酸酯类，具触杀、胃毒、渗透作用	广谱，对蛾蝶类、飞虱、甲虫类有效	挥发性强，有风天气不要喷药；不与碱性物质混用
克百威	呋喃丹	高毒	氨基甲酸酯类，内吸、触杀作用强，兼具胃毒作用	广谱，杀虫、杀线剂，对螟虫、飞虱、蚜虫、蓟马等效果好	以颗粒剂做土壤处理，严禁喷施

（续表）

通用名称	其他名称	毒性	特点	防治对象	注意事项
涕灭威	铁灭克	剧毒	氨基甲酸酯类，具内吸、触杀、胃毒作用	广谱，杀虫、杀线剂，对蚜虫、螨类、蓟马、粉虱和线虫效果好	只能园林土壤处理，不得用于家庭
醚菊酯	多来宝	低毒	菊酯类，具触杀、胃毒作用	广谱，对螨类无效	易光解，多温室内使用
溴氰菊酯	敌杀死	中毒	菊酯类，具触杀、胃毒、拒避作用	广谱，对螨类、介壳虫、盲蝽无效	刺激螨类繁殖，易产生抗药性
甲氰菊酯	灭扫利	中毒	菊酯类，具触杀、胃毒、驱避作用	广谱，兼有杀螨作用	低温效果也好，可冬、春使用
氰戊菊酯	速灭杀丁	中毒	菊酯类，具触杀、胃毒作用	广谱，对螨类、介壳虫和盲蝽无效	易产生抗药性，对鱼、虾、蚕高毒；国家规定不得用于茶叶
三氟氯氰菊酯	功夫菊酯	中毒	菊酯类，具触杀、胃毒作用	广谱，对咀嚼式口器害虫和刺吸式口器害虫都有效，虫螨兼治	不作专用杀螨剂，对鱼、虾、蜜蜂、家蚕高毒
氯氰菊酯	兴棉宝、灭百可	中毒	菊酯类，具触杀、胃毒作用	广谱，对咀嚼式口器害虫和刺吸式口器害虫都有效	对螨类、盲蝽效果差，对鱼、蜜蜂、蚕毒性极大
氟氯氰菊酯	百树菊酯	中毒	菊酯类，具触杀、胃毒作用	广谱，对蛾蝶类幼虫及蚜虫效果好	对鱼、蜜蜂毒性极大；忌与碱性农药混用；施药要均匀
联苯菊酯	天王星、虫螨灵	中毒	菊酯类，具触杀、胃毒作用	广谱，对各种蛾蝶类幼虫、粉虱、蚜虫、植食性叶螨有效	对蜜蜂、家蚕、水生生物毒性高；忌与碱性农药混用；施药要均匀
吡虫啉	咪蚜胺、蚜虱净	低毒	新烟碱类，具触杀、胃毒、内吸作用	对刺吸式口器如蚜虫、飞虱、粉虱、蓟马等效果好，对螨类无效	不可与酸性农药混用

（续表）

通用名称	其他名称	毒性	特点	防治对象	注意事项
噻虫嗪	阿克泰	低毒	新烟碱类，具触杀、胃毒、内吸作用	对刺吸式口器如蚜虫、飞虱、粉虱、蓟马等效果好，对螨无效	对蜜蜂有毒
烯啶虫胺	—	低毒	新烟碱类，具触杀、胃毒、内吸作用	对刺吸式口器如蚜虫、飞虱、粉虱、蓟马等效果好，对螨无效	对蜜蜂、鱼类、水生物、家蚕有毒
啶虫脒	吡虫清、莫比朗	中毒	新烟碱类，具触杀、胃毒作用，有较强渗透性	对刺吸式口器如蚜虫、飞虱、粉虱、蓟马等效果好，对螨无效	对家蚕有毒，不能与强碱性农药混用
噻虫啉	—	低毒	新烟碱类，具触杀、胃毒、内吸作用	对刺吸式口器害虫和咀嚼式口器害虫效果好，对蚜虫、天牛等高效	
除虫脲	灭幼脲Ⅰ号	低毒	几丁质抑制剂，胃毒为主，兼具触杀作用	对蛾蝶类幼虫特效，对蚊蝇、甲虫也有效	对棉铃虫效果差；对水生甲壳类生物有毒，对家蚕有毒
灭幼脲	灭幼脲Ⅲ号	低毒	几丁质抑制剂，胃毒为主，兼具触杀作用	对蛾蝶类幼虫高效	对水生甲壳类生物有毒，对家蚕有毒
氟虫脲	卡死克	低毒	几丁质抑制剂，胃毒为主，兼具触杀作用	具杀虫、杀螨作用	对水生甲壳类生物有毒，对家蚕有毒；对成螨效果差，作用速度慢
氟啶脲	抑太保、定虫隆	低毒	几丁质抑制剂，胃毒为主，兼具触杀作用	对蛾蝶类、蝗虫类、蚊蝇类活性高，对蚜虫、叶蝉、飞虱无效	对水生甲壳类生物有毒，对家蚕有毒；作用速度慢，注意用药时间
氟铃脲	伏虫灵、盖虫散	低毒	几丁质抑制剂，具胃毒、触杀、杀卵作用	对蛾蝶类幼虫效果好，对棉铃虫幼虫特效	对水生甲壳类生物有毒，对家蚕有毒；对十字花科植物易药害
杀铃脲	杀虫脲、杀虫隆	低毒	几丁质抑制剂，胃毒为主，兼具触杀作用	对蛾蝶类、甲虫类、蚊蝇类幼虫效果好	对水生甲壳类生物有毒，对家蚕有毒

（续表）

通用名称	其他名称	毒性	特点	防治对象	注意事项
氟苯脲	农梦特、伏虫隆	低毒	几丁质抑制剂，胃毒为主，兼具触杀作用	对蛾蝶类、甲虫幼虫有特效，对飞虱、蚜虫等刺吸式害虫无效	持效期较短
丁醚脲	宝路、杀螨隆	低毒	几丁质抑制剂，具有胃毒、触杀、内吸作用	对蛾蝶类幼虫，刺吸式口器的蚜虫、烟粉虱及螨等有效	为前体农药，光降解的产物才有杀虫活性
噻嗪酮	优乐得、扑虱灵	低毒	几丁质抑制剂，胃毒为主，兼具触杀作用	对叶蝉、飞虱、粉虱及介壳虫效果好，对白粉虱、烟粉虱有特效	不可用毒土法；密封后存于阴凉干燥处，避免阳光直接照射
灭蝇胺	斑蝇敌	低毒	生长调节剂，具内吸作用	对蚊、蝇类幼虫和蛹有高度活性	
烯虫酯	可保特	低毒	保幼激素类似物	广谱，对蛾蝶类、蚊蝇类、甲虫及粉虱等有效	
吡丙醚	蚊蝇醚、灭幼宝	低毒	保幼激素类似物，具触杀、胃毒、内吸、杀卵作用	对蚊、蝇幼虫化蛹和羽化有抑制作用，对介壳虫、白粉虱也有效	
双氧威	苯醚威、苯氧威	低毒	保幼激素类似物	对蚊蝇类、甲虫类、叶蝉有效	
抑食肼	虫死净	低毒	蜕皮激素类似物，具胃毒作用	对食叶的蛾类幼虫、甲虫、蚊蝇幼虫有效	速效性差，不能与碱性农药混用
虫酰肼	米满	低毒	蜕皮激素类似物，具胃毒作用	对蛾蝶类幼虫高效，对刺吸式口器的蚜虫、蓟马及叶螨也有效	对鱼和家蚕有毒
杀螟丹	巴丹	中毒	沙蚕毒素类	广谱，对蛾蝶类、甲虫、蝽类、蚊蝇类害虫和线虫有效	十字花科植物幼苗敏感
杀虫双	—	中毒	沙蚕毒素类，具触杀、胃毒、内吸作用	广谱，对食叶及钻蛀的蛾类幼虫效果好	对多种植物敏感，使用前需要做药害试验

（续表）

通用名称	其他名称	毒性	特点	防治对象	注意事项
虫螨腈	溴虫腈、除尽	低毒	杂环杀虫剂，具有胃毒、触杀、内吸作用	广谱，对蛾蝶类幼虫效果好，对刺吸式口器的害虫和叶螨也有效	对鱼有毒，不要将药液直接撒到水及水源处
吡蚜酮	吡嗪酮	低毒	阻塞昆虫口针，具触杀、内吸作用	对刺吸式口器的害虫如蚜虫、粉虱、叶蝉、飞虱效果好	喷雾时要均匀，尤其对目标害虫的为害部位
氯虫苯甲酰胺	康宽	低毒	具胃毒、触杀、内吸、渗透作用	对蛾蝶类幼虫活性高，对多种甲虫、潜蝇、烟粉虱等效果好	药液禁止污染水源；连续使用后需与其他杀虫剂轮换
氟虫双酰胺	垄歌	低毒	新型杀虫剂，有渗透作用	广谱，对蛾蝶类幼虫有防效	药液采用二次稀释法配制；不与碱性农药混用；对蚕有毒
阿维菌素	齐螨素、爱福丁	原药高毒	抗生素类，具触杀、胃毒作用，有渗透作用	广谱，对各类害虫、螨类和寄生线虫都有效	对蜜蜂和某些鱼类高毒；对光照敏感，不要在强光下用药
甲维盐	埃玛菌素	中毒	具胃毒、触杀作用	广谱，对多种蛾蝶类、粉虱、叶蝉及螨类效果好	对蜜蜂和鱼类有毒。全称：甲氨基阿维菌素苯甲酸盐
多杀菌素	多杀霉素	微毒	抗生素类，具触杀、胃毒和杀卵作用	广谱，对蛾蝶类、蚊蝇类、蓟马等高效，对甲虫和蝗虫也有效	对刺吸式口器的虫螨效果差
苏云金杆菌	Bt	低毒	活体微生物，胃毒作用为主	对蛾蝶类幼虫高效	药效慢，对低龄幼虫药效果好；不能与内成性有机磷杀虫剂或内吸性杀菌剂混合使用；对蚕毒力强
鱼藤酮	—	中毒	植物性杀虫剂，具胃毒、触杀作用	广谱，对蛾蝶类、蟑类、粉虱等多种害虫效果好，对蚜虫特效	对夜蛾类效果差；对鱼类、猪高毒；对光敏感
印楝素	—	低毒	植物性杀虫剂，拒食、抑制生长发育作用	广谱，对多种害虫均有效	作用速度较慢，注意要药时间

（续表）

通用名称	其他名称	毒性	特点	防治对象	注意事项
硫酸烟碱	—		植物性杀虫剂，具触杀、胃毒、熏蒸作用	对蚜虫、多种食叶蛾类幼虫有效	
除虫菊酯	—	低毒	植物性杀虫剂，具触杀、胃毒、驱避作用	对蚜虫、蓟马等效果好	见光易分解；用药均匀，且与虫体接触效果好；对鱼、蜜蜂有毒
哒螨灵	哒螨酮、牵牛星	低毒	触杀作用强，对成螨、幼螨、若螨、卵有效	广谱，对各种植食性害螨均有效，对烟粉虱、蓟马也有效	对鱼、蜜蜂、家蚕有毒
噻螨酮	尼索朗	低毒	具强触杀、胃毒作用，有较好渗透性	对叶螨防效好，对锈螨、瘿螨较差；对卵、若螨有强烈毒杀作用，对成螨毒力很小	药效发挥迟缓，药后7~10天达到药效高峰，故需要提前用药
螺螨酯	季酮螨酯、螨危	低毒	具触杀作用，无内吸性	杀螨谱广，对各种螨均有很好防效，卵幼兼杀	避开果树开花时用药
炔螨特	克螨特	低毒	具触杀、胃毒作用	广谱，对各种螨的成螨和若螨有效	对杀卵效果差，对鱼毒性大；气温20℃以上效果好
三氯杀螨醇	开乐散	低毒	具触杀作用	广谱，对各种叶螨均有效，对成螨、若螨和螨卵有效	不能与碱性药物混用；残留高，不得用于茶、食用菌、蔬菜等
溴螨酯	螨代治		具触杀作用	广谱，对多种螨类有效，对螨的各发育阶段都有效	与三氯杀螨醇有交互抗性，不能作轮换药
四螨嗪	螨即死、阿波罗	低毒	具触杀作用	对红蜘蛛、锈蜘蛛效果好，对螨卵、幼若螨效果好，对成螨无效	效果慢，成螨数量较多，可与速效性杀螨剂混用；与噻螨酮有交互抗性
双甲脒	螨克	中毒	触杀强，具胃毒、拒食、熏蒸作用，对越冬卵效果差	广谱，对螨卵、幼若螨和成螨都有效，对越冬卵效果差	低温效果差，高温晴天效果好；不能与碱性农药混合使用

（续表）

通用名称	其他名称	毒性	特点	防治对象	注意事项
三唑锡	倍乐霸	中毒	具触杀作用	广谱，对各种叶螨的幼螨、成螨和夏卵都有效，对越冬卵无效	对鱼类等水生动物高毒
苯丁锡	托尔克、克螨锡	低毒	具触杀作用	广谱，对幼螨、若螨和成螨都有效，对卵无效	气温低于15℃效果差，冬季和早春不宜用；对鱼类等水生动物高毒
三磷锡	—	低毒	具触杀作用	广谱，对锈螨、二斑叶螨、红蜘蛛的幼螨、螨卵和成螨都有效	
浏阳霉素	—	低毒	抗生素类，具触杀作用	广谱，对多种叶螨有防效，对蚜虫也有效	对紫外光敏感，阳光下分解快；对鱼高毒
华光霉素	—	低毒	具触杀作用	对二点叶螨、全爪螨效果好	禁与碱性农药混用；避免在烈日下使用；现用现配，喷雾均匀

附录2　花卉常用杀菌剂种类和特点

名称	其他名称	毒性	特点	防治对象	注意事项
氢氧化铜	可杀得	中毒	铜制剂，保护作用强	广谱，对低等真菌和细菌效果好	避免与强酸性、强碱性农药混用；对桃、李等敏感
硫黄	—	低毒	具保护、治疗作用，无内吸性	广谱，对白粉、锈病效果好，还有杀螨、杀虫效果	
代森锌	—	低毒	保护性好	广谱，对各种叶斑病、叶枯病、炭疽病、锈病、疫病、立枯病、花腐病等有预防作用	对白粉病防效很差；制剂受潮、热易分解；不能与碱性农药混用
代森铵	—	中毒	保护性好，兼具治疗、铲除及内渗作用	广谱，对白粉病、叶斑病、立枯病、炭疽病、猝倒病等有效	对皮肤有刺激性；过高浓度易药害；浸种时间不能过长；忌与石硫合剂、波尔多液混用
代森锰锌	大生	低毒	保护性好，可与多数内吸剂混用	广谱，对疫霉、尾孢和壳二孢引起的真菌病害效果较好	忌与碱性药剂混用；对皮肤、黏膜有刺激性；对鱼有毒
丙森锌	—	低毒	保护性好	广谱，对疫病、白粉病、锈病和灰霉病效果好	忌与铜制剂和碱性药剂混用
福美双	秋兰姆	中毒	具保护作用，重要种子处理剂	广谱，对立枯病、白绢病、叶斑病效果好	不能与铜、碱性农药混用或前后紧连使用；不能与石硫合剂、灭菌丹、硫酸亚铁混用；对皮肤、黏膜有刺激性
百菌清	达科宁	低毒	具保护作用	广谱，对多种真菌病害有预防作用	梅、桃、玫瑰花敏感；不宜与碱性药剂混用；对人的皮肤、黏膜有刺激性；对鱼类及甲壳类动物毒性大

（续表）

名称	其他名称	毒性	特点	防治对象	注意事项
五氯硝基苯	土壤散	低毒	具保护作用	对丝核菌引起的病害效果好，对立枯病、猝倒病、根腐病、菌核病、灰霉病、茎腐病、白绢病等也有效	土壤处理或拌种，应尽量将药粉与细土拌匀，否则会影响效果；药剂不能与幼苗直接接触，否则容易产生药害
菌核净	纹枯利	低毒	具直接杀菌、内渗、治疗作用	对核盘菌引起的菌核病高效，对葡萄孢、尾孢、长蠕孢、交链孢等引起的病害也有效	遇碱和日光照射易分解；易产生抗性，要与不同作用机制的药剂交替使用
异菌脲	扑海因	低毒	具保护、治疗作用	广谱，对菌核菌、丝核菌、葡萄孢、尾孢、链格孢、茎点霉、长蠕孢等引起的病害效果好	不能与腐霉利、乙烯菌核利混用或轮用；不能与强碱性或强酸性的药剂混用
咪鲜安	施保克、扑霉灵	低毒	具预防、治疗、铲除作用，无内吸性	对由子囊菌和半知菌所引起的多种病害有效	对鱼类及水生生物有毒；对眼睛、皮肤有刺激作用
甲基立枯磷	利克菌、立枯灭	低毒	有保护、治疗作用，吸附性强，内吸性弱	广谱，对半知菌、担子菌和子囊菌引起的多种病害有效，对丝核菌、小核菌引起的土传病害效果好	不能和碱性药剂混用；对疫霉菌、腐霉菌、镰刀菌和黄萎轮枝孢菌无效
三乙膦酸铝	疫霉灵、乙膦铝	低毒	有内吸性，具保护、治疗作用	对霜霉病、疫病高效	不宜与强酸、强碱药剂混用；连续使用易产生抗药性
多菌灵	—	低毒	内吸性强，兼具保护、治疗作用	广谱，对半知菌、担子菌和子囊菌有效，对霜霉菌、疫霉菌无效	连续使用易产生抗药性；不能与碱性农药混用
苯菌灵	苯来特	低毒	具内吸、治疗、保护、铲除作用	对子囊菌、半知菌和部分担子菌引起的病害有效，如白粉病、灰霉病、菌核病等	忌与碱性农药混用，不能与多菌灵、硫菌灵轮换使用
甲基硫菌灵	甲基托布津	低毒	内吸性强，具保护、治疗作用	在植物体内转化为多菌灵起杀菌作用，防治对象同多菌灵	不能与多菌灵轮换使用；忌与含铜药剂混用

（续表）

名称	其他名称	毒性	特点	防治对象	注意事项
丙环唑	敌力脱	低毒	具保护、治疗、内吸作用	广谱，对子囊菌、担子菌及半知菌有效，对卵菌无效	
烯唑醇	速保利	低毒	具保护、治疗、内吸作用	广谱，对于囊菌、担子菌引起的白粉病、锈病等效果好	不能与碱性农药混用；对少数植物有抑制生长现象
腈菌唑	—	内吸性强，具有预防、治疗作用		对子囊菌，担子菌所引起的各种病害有很好的预防和铲除效果	产品易燃，贮存在阴凉、干燥、通风处
三唑酮	百理通、粉锈宁	低毒	内吸性强，具预防、铲除、治疗作用	广谱，对半知菌、子囊菌、担子菌引起病害有效，对锈病、白粉病有特效，对卵菌无效	拌种可能使种子延迟1~2天出苗，但不影响出苗率及后期生长
氟纹胺	望佳多、氟酰胺	低毒	内吸性强，具保护、治疗作用	对丝核菌引起的立枯病、纹枯病效果好	对鱼和蚕有毒
恶霜灵	—	低毒	内吸性强，兼具保护、治疗作用	对霜霉菌、腐霉菌有特效	易产生抗药性，不能甲霜灵轮换使用
甲霜灵	瑞毒霉、甲霜安	低毒	内吸性强，具保护和治疗作用	对霜霉菌、疫霉菌和腐霉菌引起的病害有特效	忌与碱性农药混用，易产生抗药性
恶霉灵	土菌消	低毒	内吸性好，重要的土壤处理剂	对腐霉菌、镰刀菌引起的猝倒病、立枯病、枯萎病等土传病效果好	拌种是以干拌为主，与福美双混配拌种可增效
霜霉威	普力克	低毒	内吸性好	对卵菌类的腐霉菌、疫霉菌、霜霉菌引起的猝倒病、疫病、霜霉病有特效	易产生抗药性，忌与强碱性的物质混用
霜脲氰	克露	低毒	具保护、治疗、内吸作用，兼有抑制产孢、孢子侵染作用	对疫霉菌、霜霉菌引起的病害有特效	与保护性代森锰锌等混配效果好，单用效果不佳

（续表）

名称	其他名称	毒性	特点	防治对象	注意事项
氟吗啉	灭克	低毒	内吸性好，具有治疗、保护作用	对卵菌纲的霜霉菌和疫霉菌引起的病害有特效	
烯酰吗啉	安克	低毒	局部内吸性，具有保护、抗产孢作用	对霜霉菌、疫霉菌有特效，对腐霉菌效果稍差	常与代森锰锌等保护性杀菌剂复配使用，以延缓抗性的产生
嘧菌酯	阿米西达	低毒	具保护、铲除、治疗、内吸作用，并具渗透、跨层转移作用	广谱，对大多数真菌病害都有效，对白粉病、锈病、炭疽病、立枯病和叶斑病高效	对病毒病和细菌性病害无效，宜单独使用；对皮肤有刺激作用
醚菌酯	翠贝、苯氧菌酯	低毒	具保护、治疗、铲除、渗透作用	广谱，对大多数真菌病害都有效，对白粉病高效	勿在樱桃上使用；对水生生物有毒，不要污染水源
肟菌酯	—	低毒	具保护、治疗、渗透作用，无内吸性	广谱，对大多数真菌病害都有效，对白粉病、叶斑病有特效	孢子萌发和发病初期阶段使用效果好
咯菌腈	适乐时	低毒	保护性好，无内吸性	对葡萄孢、核盘菌、丝核菌和链格孢菌有效，对灰霉病有特效	土壤残留时间长，对水生动物和水生植物毒性高
嘧霉胺	施佳乐	低毒	具内吸传导性、熏蒸作用	防治灰霉病的特效药剂	易产生抗药性，对温度不敏感，低温下施用效果也好
井冈霉素	—	低毒	抗生素类，有内吸、保护、治疗作用	对纹枯病有特效，对白绢病、根腐病也有效	不能与碱性农药混用
多氧霉素	多抗霉素	低毒	抗生素类，有内吸、保护、治疗作用	广谱，对白粉病、锈病、灰霉病、叶斑等病害有效	不能与碱性药剂或酸性药剂混用；对紫外线不稳定

（续表）

名称	其他名称	毒性	特点	防治对象	注意事项
抗霉菌素	农抗120	低毒	抗生素类，具保护、治疗作用	对白粉病、炭疽病、叶斑病、纹枯病有效	应贮存在干燥阴凉处；不宜与碱性农药混用
农用链霉素	—	低毒	抗生素类，具有保护、治疗作用	对细菌引起的各种叶斑病、软腐病和根腐病效果好	强酸强碱不稳定
中生菌素	—	低毒	抗生素类	广谱，对细菌性病害及多种真菌病害都有效	贮存时密封；可以与铜制剂混用
新植霉素	链土	低毒	抗生素类，具保护、治疗作用	用于防治多种花卉的细菌性叶斑病、软腐病和根腐病	
二氯异丙醚	DCIP	低毒	杀线剂，具熏蒸作用	对多种植物线虫均有良好的防效	土壤温度低于10℃时不宜施用
硫线磷	克线丹	高毒	杀线剂，具触杀作用	对根结、穿孔、短体等线虫有效	低温易药害；对鸟、鱼高毒
丙线磷	益舒宝	高毒	具触杀作用	多种土壤病原线虫	避免与种子接触
氯唑磷	米乐尔	高毒	具触杀、胃毒、内吸作用	广谱，对多种植物线虫均有效	易发生药害，施用时避免药剂直接接触种子
二氯丙烯	—	中毒	具熏蒸作用	广谱，对各种植物线虫均有效	花卉种植前土壤处理
棉隆	必速灭	低毒	具熏蒸作用	广谱，用于防治花卉和苗木上的各种线虫	禁生长期使用；不能与其他农药混用

附录3 其他农药种类和特点

名称	其他名称	毒性	作用特点	防治对象	注意事项
四聚乙醛	密达、蜗牛敌	中毒	胃毒剂，对蜗牛和蛞蝓有引诱作用	防治蜗牛、蛞蝓、福寿螺	低温（1.5℃以下）或高温（35℃以上）效果差
氯硝柳胺	贝螺杀	低毒	具胃毒作用	防治福寿螺	对鱼有毒
三苯基乙酸锡	百螺敌		具触杀、胃毒作用	防治福寿螺	对鱼、虾等水生生物有毒
灭梭威	灭旱螺	中毒	具胃毒、触杀作用	防治各种蜗牛和蛞蝓	不能与碱性农药混用

附录 4　接触、使用农药人员皮肤防护用品
（国家标准 GB 12475—90）

作业项目	必用护品
1．喷洒农药 ①打开容器、稀释和混合从一容器注入另一容器洗刷设备（包装飞机） ②田间或温室作物喷药飞机喷药时地面人员 ③攀缘植物、乔灌木施药	透气性工作服[a]和橡胶围裙（或橡胶、聚氯烯膜防护服）、胶鞋、胶皮手套、防护眼镜 透气性工作服、防护帽 透气性工作服、橡胶防护服、防护帽
2．施撒颗粒或粉剂 ①打开容器 ②手撒或手工药械施撒 ③拖拉机配套药械施撒 ④飞机喷药时地面人员	透气性防尘服[b]、橡胶（或塑料）围裙、胶皮手套、胶鞋 透气性防尘服（或胶布防护服）、橡胶皮手套、胶鞋 透气性防尘服、工人服（或胶布防护服）、手套 透气性防尘服（或胶布防护服）、防护帽
3．地面喷药和土中施药	透气性工作服、橡胶围裙、橡胶手套、胶鞋
4．大量浸种	透气性工作服、橡胶（或塑料）围裙、橡胶手套、胶鞋
5．熏蒸库房	透气性工作服、橡胶防护服、橡胶手套、胶鞋、防护帽
6．农药装卸、废弃物处理	透气性工作服、橡胶围裙、橡胶手套、防护手套、防护鞋
7．农药称量配制	透气性工作服、防护手套（或橡胶手套）

a．透气性工作服是指有一定防药液渗透性能的工作服，可采用防水、防油树脂整理的棉织物或混纺织物等加工制作。b．透气性防尘服是指具有防尘粒透过性能的工作服，可采用防尘效率高、面料平滑的织物等加工制作。

附录5　波尔多液和石硫合剂特点及配制

1. 波尔多液

波尔多液有多种配合量，通常使用的有以下几种，应根据花卉和病害种类选用。

表1　波尔多液的不同配量　　　　　　　　千克

名称	1%等量式波尔多液	0.5%倍量式波尔多液	1%半量式波尔多液	0.5%等量式波尔多液	波尔多浆
硫酸铜	1	0.5	1	0.5	1
生石灰	1	1	0.5	0.5	3
水	100	100	100	100	15（另加动物油0.4千克）

（1）配制方法

配制时通常把水分成两等份，一份用于溶解硫酸铜，一份用于调配石灰乳，然后把硫酸铜溶液倒入石灰乳中；或者用90%的水量调配硫酸铜溶液，用10%的水量调配石灰乳，混合方法同上。

（2）防治对象及使用方法

波尔多液是良好的保护剂，使用范围广，对真菌引起的霜霉病、炭疽病、软腐病、幼苗猝倒病等有良好的效果，但对白粉病效果差；对细菌引起的叶斑病、软腐病也有良好的预防和防治效果。波尔多浆常用作植物伤口剂，如园林树干的溃疡病等。

（3）注意事项

波尔多液要现配现用，不宜久放，不能贮藏，配制时要选用白色轻质块状新鲜石灰，不能使用陈旧石灰粉；因为硫酸铜对多种金属有腐蚀作用，所以不能在金属容器尤其是铁制容器中配制。配好的波尔多液要直接施用，不能加水，否则降低药效，还易造成药害。波尔多液通常单独使用，湿度过大或干旱都可能导致药害，因此阴雨天、雾天、早晨露水未干或天气过于干旱都不能使用。

2. 石硫合剂

（1）熬制方法

熬制必须用瓦锅或铁锅，原料比例生石灰：硫黄：水为 1：1.4：13。把称出的优质生石灰放入锅内，加入少量水使石灰消解，等充分消解成粉状后再加少量水调成糊状。把称出的硫黄粉一小份一小份地投入三类浆中，使其混合均匀，然后加足量水，用搅拌棒插入反应锅中记下水位线，最后加火熬煮，沸腾时开始计时，保持沸腾 40~60 分钟（熬煮中损失的水分要用热水补充，在停火前 15 分钟加足），此时锅中溶液呈红褐色、渣子呈黄绿色。取出用 4~5 层纱布滤去渣滓，滤液即为澄清酱油色石硫合剂母液。

（2）防治对象和使用方法

石硫合剂可用于防治各种花卉的白粉病、锈病、炭疽病、疮痂病、黑星病、芽枯病、毛毡病、桃缩叶病、胴枯病等，对介壳虫、叶螨、叶蚧、红蜘蛛等也有较好的防治效果，是园林树木春季发芽前预防常见病害、介壳虫及螨类的首先药剂。可喷雾、涂干及伤口处理预防多种病害。

（3）注意事项

石硫合剂呈碱性，通常单独使用，严禁与忌碱性农药、乳剂状态农药、波尔多液等铜制剂、机油乳油剂、松脂合剂混用。容易对植物产生药害，使用浓度要根据植物的种类、病虫害对象、气候条件、使用时期等不同而定，使用前必须用波美比重计测量好原液度数，根据所需浓度计算出稀释的加水量。如桃、李、梅花等蔷薇科植物和紫荆、合欢等豆科植物对石硫合剂敏感，在生长季、开花时应慎用；或采用降低浓度或在休眠期用药。气温高于 32℃或低于 4℃均不能使用。配药及使用时都要穿戴保护性衣服，喷药后应清洗全身。清洗喷雾器时，勿让废水污染水源。药液溅到皮肤上，可用大量清水冲洗，以防皮肤灼伤。施用石硫合剂后的喷雾器必须充分洗涤，以免腐蚀损坏。

附录 6　农药浓度的表示法与用药量的计算

1.　农药浓度的表示法

农药的浓度表示包括农药商品浓度和稀释后有效成分的浓度。

（1）农药商品浓度的表示

我国商品农药多采用质量百分比（％）标明含量，通常指每100 克农药制剂中所含有效成分的克数。如40% 乐果乳油，即100克乳油中含乐果 40 克，溶剂及其他助剂 60 克。

进口农药的液体剂型一般以质量 / 体积单位表示，即每升药液里含有多少克有效成分。如25 克 / 升功夫菊酯乳油，即每升乳油中含有 25 克功夫菊酯。

目前，农药使用量的表示多数采用国际标准单位——公顷来表示，即每公顷用多少农药制剂。如每公顷用 50% 多菌灵可湿性粉剂 1 500 克，1 公顷 = 15 亩，即每亩用 100 克（1 500/15）。

（2）农药药液中有效成分浓度的表示

药液浓度的表示主要采用以下几种方法。

百分浓度：包括质量百分含量和体积含量，没有注明的一般为质量百分浓度。

百万分浓度：指 100 万份药剂中含有效成分的份数，现统一用微克 / 毫升、毫克 / 升等表示，目前已较少使用，通常是在植物生长调节剂、抗生素等极低浓度的农药配制中还应用。

（3）公顷或亩施用有效药量

指在 1 公顷或 1 亩地面积上施用的农药有效成分量，单位是：克 / 公顷、克 / 亩或毫升 / 公顷、毫升 / 亩。国际通用单位是采用每公顷用药多少克（毫升）来表示，国内部分农药标识还标注每亩用多少克（毫升）。

1 公顷 = 15 亩 = 10 000 米 ^{2}，即 1 亩地面积约为 667 米 ^{2}，故也有农药标签上标注：克 /667 米 ^{2}。如58% 甲霜灵锰锌可湿性粉剂防治花卉疫病的使用量为 75 克 /（次·亩），即每次每亩用药量为 75 克 58% 甲霜灵锰锌可湿性粉剂，或者标注为 75 克 /（次 · 667 米 ²），表示相同用药量。

（4）倍数法

即指药剂被稀释多少倍的表示法，换句话说，就是 1 千克药剂加上稀释剂后的质量是原来 1 千克药剂的多少倍，常用的稀释剂有水、土、种子等。倍数法一般都按质量计算，不能直接反映出药剂中的有效成分。如：配制 50% 多菌灵可湿性粉剂 1 000 倍液，就是说用 1 千克 50% 多菌灵可湿性粉剂加水稀释后的药液是 1 000 千克。根据稀释倍数的大小，又分为内比法和外比法。

①内比法。稀释 100 倍或 100 倍以下计算稀释量时，要扣除原有药剂所占的那一份数量。如稀释 50 倍时，表示用药剂 1 份加水 49 份。

②外比法。稀释 100 倍以上计算稀释量时，不扣除原有药剂所占的那一份数量。如稀释 1 000 倍以上时，则用原药剂 1 份加水 1 000 份。

（5）波美度

石硫合剂有效成分的表示单位，用 "Be" 表示。

2. 农药浓度之间的换算方法

（1）百分浓度和百万分浓度之间换算

百万分浓度 ＝ 10 000× 百分浓度，如 75% ＝ 10 000× 75 ＝ 750 000

（2）百分浓度和稀释倍数之间的换算

百分浓度（%）＝原药剂浓度 ÷ 稀释倍数

例：90% 的敌百虫稀释 1 000 倍后药液的百分浓度为多少？

由上式得：90%÷1 000 ＝ 0.09%，即为 0.09%。

3. 农药配制中农药制剂和稀释剂的用量计算方法

（1）求农药制剂取用量

① 按有效成分含量计算时求农药制剂用量。

根据有效成分用量计算，公式为：制剂用量＝每亩需要用有

效成分 ÷ 制剂中有效成分含量。

例：20% 吡虫啉乳油，如每亩用有效成分为 30 克，则：20% 吡虫啉乳油取用量＝ 30÷20% ＝ 30÷0.2 ＝ 150（克），即表示需要称取 20% 吡虫啉乳油 150 克。

根据已知需配药液量和药液浓度计算制剂取用量，公式为：农药制剂取用量＝所配药液质量 × 所配药液浓度 ÷ 原药剂浓度。

例：要配 20 毫克/升的 2,4-D 药液 2.5 千克（2 500 克），需用 5%（50 000 毫克/升）的 2,4-D 药液多少克？

5% 2,4-D 药剂的取用量＝ 2 500×20/50 000 ＝ 1（克）

②根据倍数法计算时求农药制剂取用量。

内比法。求稀释 100 倍以下农药制剂取用量，公式为：农药制剂取用量＝所配药液量 ÷（稀释倍数－ 1）。

例：需配制 18% 杀虫双水剂 90 倍稀释液 200 千克，求需要 18% 杀虫双水剂多少千克？

由上式得：200÷（90 － 1）≈ 2.25（千克），即需要 18% 杀虫双水剂约 2.25 千克。

外比法。求稀释 100 倍以上农药制剂取用量，公式为：农药制剂取用量＝所配药液量 ÷ 稀释倍数。

例：用盛水量 15 千克的背负式空气压缩式喷雾器装满水后配制 600 倍 75% 百菌清可湿性粉剂稀释液，需要加多少克百菌清可湿性粉剂？

15 千克＝ 15 000 克

百菌清用量＝ 15 000÷600 ＝ 25 克，即需要称取 75% 百菌清可湿性粉剂 25 克。

（2）求稀释剂（水）的取用量

农药稀释剂主要为水，农药稀释时加水量的计算方法有以下几种。

①按有效成分含量计算时求加水量。

稀释 100 倍以下，计算加水量：

$$用水量＝\frac{原药剂质量×（原药剂浓度－所配药剂浓度）}{所配药剂浓度}$$

例：用 40% 福尔马林（甲醛水）5 千克，需配成 5% 药液，问需加多少千克水？

40%÷5% = 8，小于 100 倍，用水量为：5×（40% － 5%）÷5% = 35（千克）

或：用水量 = $\dfrac{原药剂浓度}{所配药剂浓度}$ ×原药剂质量－原药剂质量

上例：40%÷5%×5 － 5 = 35（千克）

稀释 100 倍以上，计算加水量：

用水量＝原药剂质量 × 原药剂浓度 ÷ 所配药剂浓度

例：用含量为 5% 的 2,4-D 生长素 1 克稀释成 20 毫克/升生长素药液蘸花，求需加多少千克水？

用水量：1×50 000/20 = 2 500（克）= 2.5（千克）

②根据倍数法计算时求加水量。

内比法。药剂稀释 100 倍以下用水量：

稀释剂用量 = 原药剂重量 × 稀释倍数－原药剂重量

例：用杀虫双 2 千克，求稀释 90 倍需加水多少千克？

由上式得：2×90 － 2 = 178（千克）

或：稀释剂用量＝原药剂重量 ×（稀释倍数－1）

上例：2×（90 － 1）= 178（千克），即需要加水 178 千克。

外比法。药剂稀释 100 倍以上时用水量：

稀释剂用量＝原药剂重量 × 稀释倍数

例：如用 100 克 50% 代森锰锌可湿性粉剂 1 500 倍液喷雾防治蝴蝶兰疫病，需要加水多少克？

水（稀释剂）用量为：100 克 ×1 500 = 150 000 克 = 150 千克，即需要加水 150 000 克（150 千克）。

③波美度计算。

用水量：按体积量稀释的加水量＝原药波美度 ÷ 稀释液波美度 － 1

例：有 2 千克 20 波美度的母液，要稀释成 0.5 波美度的药液，应加的水量为：（20/0.5 － 1）×2 = 78（千克）。

石硫合剂用量：原液需要量＝（所需稀释浓度/原液浓度）×

所需稀释的药液量

例：需要配置 0.5 波美度 100 千克，需要 20 波美度原液多少克，需要加水多少千克？

原液需要量＝（0.5/20）×100 ＝ 2.5（千克），需要加水量为：100 千克－ 2.5 千克＝ 97.5 千克。